收纳，
给你变个
大房子

□ 卞栎淳 著

文化发展出版社
Cultural Development Press

序

每天早上被阳光叫醒，亲吻身边的爱人或孩子，踩着舒服的拖鞋走进干净的卫生间，从容地洗漱。然后，走进厨房打开冰箱，取出蛋、奶和面包，给全家人做一顿营养早餐。

吃完早餐之后，回到卧室，打开井然有序的衣橱，所有的衣服都整齐悬挂，一览无余，可以随心挑选。穿戴完毕，坐在梳妆台前化一个美美的妆。然后，在整齐的鞋柜里取出与穿着搭配的鞋子，走出家门。带着家的印记和味道开始一天的工作和生活。

每个人都希望自己的家整洁有序，每个家人都能自在舒服地生活，而不是倍感压力，或是充满焦虑。然而，家并非时刻处于我所描述的理想状态中，我们每天被柴米油盐烦扰，通常的状态是，房子越住越小，空间越整越乱。

不过，这不全是你的错，而是因为：

1. 随着时间的积累，家里会添丁加口，东西会越买越多，而房间的格局根本没有任何变化，长此以往，当然会杂乱无章。

2. 在一个不会增加面积的空间里做整理，反复收拾，乱了整，整了乱，你便会陷入无限的循环之中。

3. 永远是一个人在整理，一家人在破坏，没有秩序和规则，无法达成一致。

那到底能不能拥有：

一个不用整理就井然有序的家呢？

一个不刻意做什么也能保持美好状态的家呢？

一个全家人可以携手合作的家呢？

一个不管何时何人来访都能大方招待的家呢？

答案是：能。

我整个职业生涯中都在做一件事情，那就是让你从繁杂的家务中解脱出来，拥有一个越住越大、越住越温暖的家。

我为什么要写这本关于空间管理的书？

我始终认为整理收纳是一个伪需求。为什么这样讲呢？因为我觉得只要空间规划得合理，人人都可以做自己的整理收纳师。只要把空间格局规划得合理，然后把自己的物品放到合适的空间里去，就不需要整理收纳师了。其实，我是想通过这本书来传递留存道的空间管理理念，最大化利用条件有限的空间，解决家庭储物资源配置问题，即通过空间控制物品的数量，进而通过数量控制人的欲望。由此可见，空间管理既不是简简单单的整理收纳，也不是单纯地做家务。其实，空间管理中包含着前期的一些整理收纳的思路，当你把这些思路全部梳理清楚以后，就剩下将物品还原归位这么一个简单的动作了。

空间管理术的核心理念是什么？

在传统整理收纳认知里，大家会更注重方法，比如舍弃什么物品会更省空间，怎样把衣服叠得更好看、更整齐。由此可见，传统整理方法就是把空间里的物品全部掏出来，先舍去一部分，再把剩下的物品放进去。然而，我所说的空间管理术不一样，我提倡的是先通过空间管理的规划与改造，让原有的储物空间扩容，再留存不愿舍弃的物品，通过留存的过程认知自己与物品的关系，最终达到空间、物品与人三者合一的舒适状态。其实我就是想通过一个最简单的方法达到最终的目的。我希望通过空间管理，从根源上把问题解决掉，彻底消灭错误，而不是用一个新的错误去代替原来的错误。

比如，明知道自己衣橱的格局已经错了，还买很多收纳工具，学习很多花哨的叠衣方法，去填补错误的格局，这种做法是不对的。

其实，空间管理就是一个化繁为简的过程。我想把最简单便捷的生活方式教给大家。而留存道空间管理的核心管理术就是：用空间控制物品的数量，进而用数量控制人的欲望。

让空间扩容 30%—50% 的秘密是什么？

让空间扩容 30%—50% 的秘密就是利用储物空间里面的层板进行扩容。比如说衣服区里有那么多层板，你必须把衣服叠完才能放进去，可是叠完以后容易出现皱褶，穿的时候还得熨烫，这样比较麻烦。那么最简单的方法就是将衣服挂起来，这个时候就要把层板去掉，装个衣杆（衣通）。而其他的储物区则尽量增加层板，比如橱柜里需要放很多碗和盘子，如果加一个层板，就可以将空间扩充得更大一些。还有鞋柜、放包包和帽子的空间，都可以用层板扩容。所以，要想在原有的空间基础上扩容 30%—50%，一定要合理利用层板。

如果你要装修房子，那么就可以根据本书中的内容做一个合理的规划，让你的家居可以百变。买来入室即为所需，储存得当即为所用，合理地利用空间，就不会浪费物品。

空间管理到底能解决生活中的什么问题？

无论是住大别墅还是几十平方米的小房子，你都可以使用空间管理术。拿 100 平方米的房子来举例，以我的经验，100 平方米的房子需要拿出 30%—40% 的空间来储物。这个房子里面无论是住一个人还是五个人，空间都是有限的，在有限的空间里放置家里所有的物品，用空间来控制欲望的边界，你就不会毫无顾忌地买买买——因为你永远不可能拿出家庭空间的 50% 来放东西。然而在一些家庭中，因为前期规划得不好，100 平方米的房子里面只预留了 10% 的储物空间，之后买的物品根本放不进去，厨房的地面上、客厅的地面上以及阳台上都是东西。其实，不是你太懒，不会整理收纳，也不是你爱买买买，而是因为你当下的储物空间根本满足不了自己的需求。不是你有问题，而是你的储物空间出现了问题。那你应该怎么做呢？你需要通过规划，把原本浪费掉的储物空间充分利用起来，然后通过一种不将就的生活态度和思维模式，把自己、家人和物品的关系以及生活的其他方面都管理好。这才是空间管理最重要的地方。

租房一族有必要做空间管理吗？

我曾经在北京租了 8 年房子。很多人认为租来的房子又不是自己的，凭什么要去装修？凭什么要做空间管理？但是我不这么想。我当时的做法就是把房东不愿意帮我换的家具、家电都换掉了。等我搬走的时候，买了一些二手物品放在房间里，以满足房东未来出租房子的需求，总共花费了一个月的房租。哪怕我只租一年，也要这么做。因为把这个钱平摊到每一天里是很少的，而且在这一年里，我每天的生活都是美好的、不将就的。如果这些钱不花在这上面，那么在别的地方也省不下来。虽然房子是租来的，但生活是自己的，就看你想不想改变了。

其实，无论是租的房子还是自己的房子，只要有一种不将就的生活态度，用这样一种理念支撑着自己，你就会过得越来越好。只要开始行动，你就可以做到。

有娃之后，家里一直非常凌乱，真的收拾不过来，怎么办？

我本身就是个妈妈，也遇到过这样的问题。这个问题，我觉得你可能理解错了，因为家不是你一个人的，孩子也是家庭中的一员，在孩子乱丢垃圾的时候，是不是应该告诉他，把垃圾扔到垃圾桶里。在他丢玩具的时候，是不是应该告诉他玩具也有自己的家，他把玩具带出来玩，玩完就要把它送回家。孩子作为玩具的主人，有权利和义务把这些东西放回到原处，家长需要告诉孩子应该怎么做，教会他如何做，要带领孩子成长，而不是成为孩子的双手双脚，代替他做这件事情。所以，这还是个人认知的问题。

生活方式和生活态度是会传递给下一代的，我如今的生活方式和生活态度都是妈妈传递给我的，比如本书后面章节所写的处理冰箱中的食物的方法就是我妈妈教的。我从小到大的成长环境就是这样的。所以，父母是孩子最好的老师，你有怎样的生活方式和生活态度，你的孩子就会学习你的生活方式和生活态度。我希望大家通过本书，可以学会这种不将就的生活态度，并把这种生活态度传递给下一代。

这份家的"使用说明书"的核心，就是让你掌握空间规划管理的方法，让自己有限的空间得到最大限度的扩容，从根本上解决问题，帮你从繁杂的家务中解脱出来，让你轻松拥有一个整洁、有序、幸福的家，让每个家庭成员都能舒服自在地生活，并爱上回家。

因为，这个家里有：

舒服的休憩之所——卧室；

让孩子释放天性、快乐成长的独立小世界——儿童房；

承载一家人共处时光的客厅；

散发着家的味道、爱的味道的厨房；

时刻保鲜，让食物"永不过期"的冰箱；

每天迎接你回家却常被你忽略的玄关；

可以让你自我疗愈和变美的秘密花园——卫生间和梳妆台；

帮你归纳杂物的储物间；

带着家人去旅行时必备的行李箱——它是家的缩影。

好了，现在就跟随我的思路，开启属于你自己的空间管理之旅吧！

目 录
Contents

一、留存道的整理思维

一、
留存道的
整理思维

留念、存知、道法

留存道

老子在《道德经》中说"道生一，一生二，二生三，三生万物"，乃是指"道"创生万物的过程。生，即要存；存，即要留。《十三经》之一的《尔雅》解释："留，久也。"纵观历史，所有流传至今的事与物，都是经过时间洗礼的。人们留存下自己的文明，让文化绵延不绝，这也正是中华文化的传承之道。老子说："不失其所者久。"不失其所，谓之留。

"留"，意为留存、留恋，不予舍弃，含有不动之意。可表达对美好事物的留恋，将怀念之情留存珍藏。

"存"，从才从子，指正从地下向上萌发的生命。存在便有价值。存储存身，既积蓄存意又保留安身。存在，是世间万物唯一的体现形式，没有存，一切归零。

"道"，自然也，万事万物的运行轨道，自然即是道。"道"，理也，道无不理。推天道以明人事，存在即是道理。

留 留住不舍物品

存 存储空间扩容

道 可持续，不复乱

为什么要整理

在生活中，我们的工作、家庭以及所拥有的物品都需要一个"出口"，有了出口才能循环，才能让自己前行。那么，这个出口在哪里呢？我们都在寻找，很多方法看似可行，比如行动上的"断舍离"。可是这样就能解决问题吗？爽快一时之后，很快我们就会发现治标

工作不满意，"换"

婚姻不幸福，"离"

物品杂乱无章，"扔"

不治本，看似舍弃了这一时段的繁乱，实则同样的繁乱还在不久的将来等着我们。

日本盛行的各种流派的整理术，都告诉大家第一步要做的是取舍，只有物品少了才能看清真正的自己，才能清晰地知道自己到底想要什么。这个方法看似没有错，可实际操作后，你会发现并没有当初设想的那么管用。问题出在哪儿呢？坦白讲，在中国的家庭中，第一步进行舍弃是有效的，因为舍弃的是多余的废物，俗称"垃圾"。在第一轮取舍过后，仍然要不断面对更多心爱之物的取舍问题以及留存后依旧存在的凌乱问题，这时该怎么办呢？

我的一个朋友是"断舍离"和"极简生活"的死忠粉，每天都在试图为我洗脑，告诉我物品少了之后的生活是多么美好。她曾经是一个国企职员，当时她家中的物品超多，她很不快乐，不知道该怎么办时，看到了"断舍离"和"极简生活"的理念，她突然就觉得找到了人生的真谛，开始实践。父母不同意，她就慢慢说服他们，一点点地扔东西，逐步增加可以舍弃的物品数量，并成功说服家里人一起扔东西，最后家里变得非常清爽干净。她卧室里5米长的衣橱里，仅留了5件衣服，她说上班穿工服，不需要太多。她信誓旦旦地跟我说，仅留下当下所需要的物品、让她心动的物品，她不能依赖物品，

不能让物品拖累自己。那个时候，她说自己轻松了，仿佛少了很多烦恼，她要一直这样轻松地生活。

说完不到几个月，事情发生了戏剧性的反转，她升职了，成了主管，工作性质发生了变化，以前三点一线的生活，变成了要应酬、要社交。于是，她的烦恼又来了，客户说着她没有发言权的话题，从厨房的锅碗瓢盆、榨汁机、烤箱到时下最热门的品牌服饰、穿衣搭配，她统统插不上话，因为她已经远离了那个鲜活的生活环境。

终于换作我给她讲述留存道的理念了，我告诉她，从"1"到"3"要有个"2"的过程，她非常惊诧。归于平静的她对我说，原来她之前被一种固有的理论禁锢了，她用理论给自己的生活留出了空间，却无法突破自己接纳未来。她没有梳理自己的"1"，而是用自己学

到的方法快速地进行了从"2"到"3"的实践，根源没有解决，所以治标不治本。虽然曾经的烦恼确实在两年内都未再出现，可随着个人的成长以及所处环境的变化，快速舍去对物品的执着与欲望这种做法会凸显出各种各样的问题。这就是我常说的**不历贪嗔痴，何谈禁物欲。**

　　整理有很多种方法，但有效的前提是必须适合当下人文大环境中的自己。有很多人认为整理就是把物品处理得干干净净，然后摆

整理应是梳理你的曾经，面对你的现状，拥抱你的未来。

放整齐，这是大多数女性都会做的事情，并不稀奇，不值得费心思研究，整理后也不会有什么"奇效"。而有人认为，整理时必须丢弃物品，否则无法改变我们的生活和内心……面对这么多不同的声音，我们应该弄明白一件事情，那就是为什么要整理。

留存道理论源于中国家庭，以解决中国家庭生活方式为目标，教你如何在留存中认清自己的过往，从而自信地面对生活。由此可见，整理的目的应该是接纳过往的一切，梳理你的曾经，留存生活的点滴记忆，弄明白曾经的生活为何成就了当下的自己。你要勇敢地接受过往，自信地面对未来，实践留存道的思维模式，不断自我更新，从而找到属于自己的生活方式。

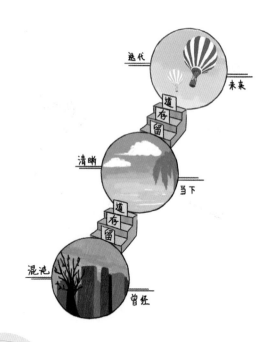

总结

不历贪嗔痴，何谈禁物欲。
梳理混沌的曾经，面对当下的生活，迎接未来的自己。

认清自己的动机需求

　　我们每个人都是鲜活的、有生命的、有感情的、有需求的。且不说其他，单从整理的角度分析，处于家庭生活中的我们，会由多种情绪引发出行为需求，而我们的所有感受都是由环境衍生出来的。我把这种情况分为两种，一种是执物的我，另一种是执境的我。那么，如何理解呢?

执物的我

执着于物品的使用与数量，物品是主要的内心需求，比如收藏家、囤积狂、购物狂，当然还有往家里搬"废品"的。只要能够拥有心爱的物品，家里乱点没关系。

执境的我

执着于环境的极简风格，环境是最重要的内心需求，比如摆放强迫症，喜欢极少的物品来确保环境简洁。只要家里东西少而空，有些生活用品不用也没关系。

列举这些例子后，我发现有些是正向的生活方式，有些是我不提倡的生活恶习，还有些是心理疾病，针对不同的情况，所用的整理方法就会有所不同。相比之下，"执境的我"比"执物的我"更容易解决一些，因为他们的物品极少。不管强迫症是不是心理疾病，也不管打开柜子后里面的物品是不是少得可怜，至少他们的生活秩序在表面上是过得去的。

可是，如果让"执物的我"扔东西，无异于让他们加入了一场你死我活的战争中，那画面不敢想象。

　　不管是属于哪一种类型，每个人本身都是复杂的。有时候我们都会讨厌复杂的自己，上一秒还这样想，下一秒就有点犹豫了。

　　如图所示，已经分不清楚你是谁，你从哪里来，要到哪里去，你想要什么样的生活、什么样的空间，你的内心需求到底是什么……请问，你到底想要什么呢？所以，不管你是"执境的我"还是"执物的我"，都需要找到一种属于自己的最舒适的生活状态。下面就让留存道教你一种思维方式，认清自己内心的真正需求。

> 行为需求与动机需求是完全不同的表现。

总结

留存道的整理逻辑——
间离、平衡、问题

在影视领域，有个词叫"间离效果"，这是叙述体戏剧常用的一种舞台艺术表现方法，是德国戏剧革新家布莱希特所创造和倡导的。间离作为一种舞台艺术的表现方法，主要有两个层次的含义：

● 演员将角色表现为陌生的；

● 观众以一种保持距离（疏离）和惊异（陌生）的态度看待演员的表演或者剧中人。

黑格尔在《精神现象学》中指出："一般来说，我们熟知的东西之所以不是自己真正了解的东西，是因为我们觉得它是自己熟知的。有一种习以为常的自欺欺人的事情，就是一开始先假定某种东西是自己熟知的，然后就这样不管它了，这就是'当局者迷'。"

间　离

平　衡

问　题

学会间离自我，从平衡与中立的角度看待问题的根本。

　　在布莱希特看来，间离的过程，就是人为地与熟知的东西疏远的过程。这样一来，从表面上看，这些人或事突然变得非同一般，令人吃惊和费解，自然就会引人深思，并最终使人获得全新的认识。

　　回归整理，把"间离"运用在整理方法上，就是告诉大家，要跳出复杂的自我，用一种客观的视角看待自己的现状。既然解决"复杂的我"花费的时间成本不可控，那么我们只抛开自己的行为需求，单纯地看待现状本身，即空间与物品之间的关系。只有客观地看待两者之间的问题，我们才能找到合适的解决方法，从而明白自己真正的动机需求。

　　想想看，在我们拥有第一套房的时候，并没有储物需求方面的经验，装修时注重的仅仅是房间显大、好看。当我们拥有第二套房时，意识到储物空间问题后，开始注重收纳功能，买了各种各样的收纳用品。然而，入住半年、一年、三年、五年后……

越买越多——随着生活的不断变化，我们对物品的需求也有所变化，导致物品越买越多。

越增越多——结婚以后，家庭成员发生了变化，有了孩子，再加上看孩子的老人或者阿姨，导致物品越增越多。

越堆越多——中国的传统美德是勤俭节约不浪费，父母那一代认为没坏的东西就不能扔，所以导致物品越堆越多。

这样或那样的因素导致家里的物品越来越多，而我们的储物空间并没有随着生活的变化而改变，半年、一年、三年、五年……它还是原来的样子。所以，是储物空间无法满足现有物品的收纳需求了。这时候，丢弃和囤积都不是最好的选择，而"间离"自己，发现并解决问题才是我们最该用心做的事情。

无论是对待生活中多么复杂的人、事还是物，留存道都是一种行之有效的思维模式。

总结

脱离自我的需求，客观地看待空间与物品之间的适配程度，才能发现收纳问题的根本。

从"1"到"2"再到"3"

原本只想要一个拥抱，却多了一个吻，又多了一
张床，后来多了一个房子，接着又多了一个孩子。

当你慢下脚步回归自己的内心时，

才发现，当年自己只想要个拥抱。

梁漱溟老先生在他写的《这个世界会好吗》一书中提到人类必须解决三大问题：先解决人与物之间的问题，再解决人与人之间的问题，最后解决人和自己内心之间的问题。而要想解决人与物之间的问题，首先我们要知道自己有什么，应该将它们存放在哪里。那么，从家庭环境的角度来分析，我觉得我们应该：

我们整理物品的初衷，不也是想要一个井井有条的家吗？在整理物品的过程中，我们要清楚地知道，就像我之前所提到的，如果不解决"1"的问题，就没有办法很好地实践"2"和"3"，甚至更多。但是，曾经混乱的生活状态，当下的我们是没有办法解决的，否则我们也不需要学习整理方法了。换个角度想，我们是否需要一个载体去呈现曾经出现的问题？比如，工作中的总结报告、当下热门的思维导图等。我们需要梳理曾经，但不是不做决定，而是三思而后行，认真地梳理，远远地看着它，然后慢慢走近它、接受它、认清它、解决它。

很多整理爱好者都有这样或那样的问题急需解决，如：

④ 老公的物品怎么放？

⑤ 厨房用什么收纳工具
比较好？

⑥ 把家整理好以后，
我可以把整理这项技能当成第二职业
去帮助更多的人吗？

这都是由环境因素引发出来的行为需求，这些需求总是困扰着我们。仔细一想，这不正是我们想极力摒弃的"欲"吗？我们起初只是想要整理物品，然而，在这个过程中却想解决太多与整理看似有关实则无关的问题，等我们平静下来后，回归整理的最初诉求，才发现原来自己只想要一个井井有条的家。

那么，顺序是否应该是这样的：

1. 目标

我想要个井井有条的家。

2. 思考

如果家庭成员增加或物品逐年增多后，我的储物空间是否能够满足当下的储物需求？

3. 行动

调整现阶段与物品数量并不匹配的储物空间，达到空间与物品的完美适配。浪费空间的地方（如厨房碗柜、门厅鞋柜、杂物间等）增加储物层板，不需要隔层的地方（如衣橱层板区）拆除相应层板，增加挂衣杆等。

4. 整理

将家庭中的物品分类放在相应的位置，
完成井井有条的目标。

你的储物空间，在原有基础上进行调整后，完全可以满足你所需要的储物功能。之后，将物品一件一件整理归位，这便是第二步。在有限且区域划分清晰的空间里，你可以有条不紊地摆放物品。整理归纳后，使用物品是第三步。看着所有物品一一呈现在眼前，清楚明了，买对的物品以后不用再买，物尽其用，不会浪费；买错的物品扔掉，或是当作反面教材留存着，让自己认清过往，以后不要重蹈覆辙，这样会让生活变得更加简单。

看啊，多么简单粗暴，我们只需要解决这么一个空间的问题就好。其实，整理的方式主要在"术"的层面，即收纳物品的方式。格局大了，方法自然就简单了。总之，这是一种极其简单又能快速达成目标的方法，通过这个方法，可以让我们的生活变得更好。

好多人在整理的时候都强行让自己考虑物品和内心的关系。然而，物品是复杂的，人的内心也是丰富多元化的，同时梳理两个繁复的体系，你确定可以做到化繁为简吗？

所以，我们应该先解决物品与空间的问题，再通过整理方法将自己的生活环境变得干净整洁，最后通过生活中物品的进进出出去检验物品跟内心的关系。用空间的格局来决定物品的数量，进而用物品的数量来控制人的欲望，用生活方式来解决人与人的关系，最后用思维的格局来解决自己的内心问题。这样想想，梁老提出的生活顺序，实践起来也并没有那么难。

那么，接下来我们应该做什么呢？解决了前面的问题以后，才能谈到思考的方面。

良好的夫妻关系，和睦的婆媳关系，简单而又高品质的生活方式，都会在我们解决了空间与物品的关系后呈现出来。所以，春天还会远吗？

先知道自己衣橱里有什么，再思考穿什么好看才有意义。

跟婆婆一起把整理好的物品归位，即使婆婆没有这个习惯，你也要引导或者帮助她物归原位。

给孩子一个有序的成长空间，让孩子自己从整理中学会取舍。

总结

贪嗔痴慢疑，让我们迷失最初想要整理时的方向。

留存道整理术的顺序

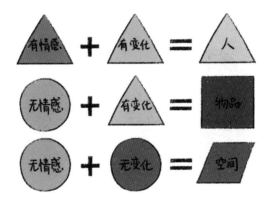

人是有情感且复杂的
物品是无情感却复杂的
空间是无情感且单一的

拿家庭空间来说，放书的是书柜，放衣服的是衣橱，放锅碗瓢盆的是橱柜，放鞋子的是鞋柜……整个家庭中需要的储物空间是很容易数得过来的，也是很容易解决的。通过审视空间与物品之间的供需关系来调整现有储物空间，通过收纳方法来解决物品凌乱的问题，通过在生活中使用物品的情况来弄清楚自己需要什么、适合什么，然后物归其位，养成良好的行为习惯，继而改变自己的生活态度和生活方式，最后影响自己的内心，这是一个相互作用的过程。由此可见，只有解决了空间与物品的关系，我们才能真正地发现自身的问题。

发现问题，解决问题，发现新问题，再解决新问题，这是一个循环的过程，而留存道正是这样一种通过留存来认知自我并解决问题的过程。

总结

在人生的不同阶段不断更新自己，认知更完美的自己。

用服务意识来管理自己的生活

　　自 2010 年至今，我的客户大多是一些明星、企业家，他们工作忙，没时间打理生活；物品需求量大，保姆或保洁阿姨不懂得品牌，一些物品也不知道如何分类，经常放错位置；物品的品质感强，很多以收藏为主，完全没有淘汰舍弃的可能性……我看到了太多家庭因为空间不合理，物品被阿姨塞到角落里找不见，衣服被叠得变形了。而近几年来，我不单单服务于高端人士，还服务于很多工薪阶层、大学生等，他们都有整理收纳的需求。这些人，虽然房子大小不同、东西数量不同、物品类别不同、衣服品牌与品质不同，但遇到的问题都一样，用九个字总结，就是"找不着、看不见、用不上"。

　　我对所有学生都说过一句话："己所不欲，勿施于人。"我问他们是想眼不见为净，还是想彻底解决问题，答案都是一样的：没人愿意叠好的衣服被翻乱了，然后再叠，叠完又被翻乱了。开始学习整理收纳的小白们，觉得自己学到了一些新的叠衣技能，很有意思，就乐此不疲地去实践。然而，不出两个月，热情就没了，时间被浪费了，精力也被磨没了，而唯一不变的还是那一堆堆凌乱的物品。当初认为自己动手可以省钱，实际自己的时间成本比钱更值钱。这么说，并不是想让大家花钱去请人做家务，而是你要带着一种服务意识去整理自己的家。

　　这种服务意识是一种思维模式，并不需要你花钱去实践，也不是单纯地把物品整理好就行，而是你要用一种全新的思维方式去生活。叠衣服这个简单的动作谁都能学会，但它却不能解决实质性问题，不管横着叠、竖着叠、卷着叠还是包着叠，衣服都会出皱。如果你叠完后试穿了一下，恭喜你，又给自己增加了一个可以减肥的

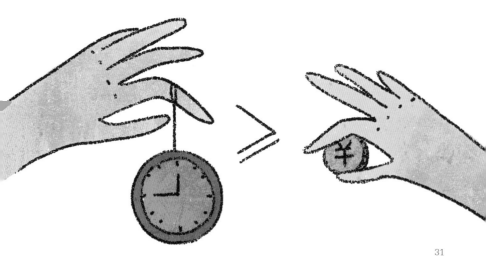

动作——再叠好放回去。叠衣服是最廉价的劳动力，这种服务不但给自己带来了麻烦，还伤害了衣物。这样的服务，你自己要吗？你要换个角度去理解服务意识，使用不方便是服务的大忌。我们很多时候都在回避改变这个问题，也从来没有想过换位思考就可以很轻松地实现改变。其实，换个角度看世界并不难。

现在，大多数人都在将就着生活，而最令人痛心的是，我们并不觉得这是一种将就。因为我们从来没有想过要去改变，习惯待在自己的舒适区里，催眠自己，让自己觉得生活就应该是这个样子的。

总结

换个角度看世界，
生活会更美好。

一种不将就的生活态度

一听到整理服务，就觉得很贵，应该是有钱人消费的，跟自己没关系。

从来没想过自己可以通过学习服务方法来服务自己，而这并不需要花很多钱。

一说到空间规划，就觉得是房子空间小造成的，如果给自己一个大房子，不用规划就能放得下所有物品。

从来没想过，对于毫无生活秩序的人来说，即使给他个城堡，也不会规划空间，物品照样找不到。

一想到家庭环境需要整理，首先想到的就是柴米油盐等琐事，有了孩子根本没时间和精力去收拾，因为每天都很乱。

从来没想过第一时间去想办法解决问题，而是只顾宣泄情绪，却不知道整洁的环境能让孩子更加健康地成长。

一想到衣服挂不下，就觉得衣橱里有层板，而只能默默地把衣服叠起来放在层板上。

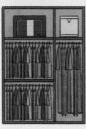

从来没想过叠衣服麻烦，而把层板区改成挂衣区，就能把衣服都挂起来了，再也不用叠了。

领子变形

一想到要挂衣服，就觉得把衣服挂起来领子会变形。

生拉硬拽

从来没想过领子变形是因为自己懒得从衣服下摆取衣架，而是硬生生地从领子里往外拽，这样再好的衣服也会变形。

一想到要挂衣服，就觉得把衣服挂起来肩膀会出包。

植绒衣架

从来没想过市面上有可以防止肩膀出包的衣架，而换个衣架就相当于换种活法。

钻孔

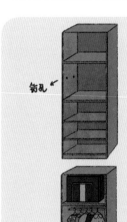

一想到改造衣橱，就觉得万一改完了多出几个钻孔怎么办。

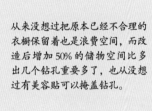

从来没想过把原本已经不合理的衣橱保留着也是浪费空间，而改造后增加 50% 的储物空间比多出几个钻孔重要多了，也从没想过有美容贴可以掩盖钻孔。

一说到通过整理可以改变凌乱的生活环境，还没仔细思考和实践，就武断地说：没用，过几天还会乱。

为什么别人的生活像诗，而你的生活像屎？那是因为你都没有尝试过就否定了生活可以变好的可能性。

　　用鞋盒装杂物，用酸奶盒装首饰，用袜子套裤子，用皮筋防止衣服滑落，用简易衣杆挂衣服，用隐形眼镜盒装化妆品，用吸管收纳项链，用一次性手套装洗发水……太多类似的例子，在此不一一列举了。想到解决问题，很多人首先想到的不是怎样正面解决问题，而是指责、抱怨、找借口，各种各样的负面声音，用各种天马行空的想法去掩饰错误，而这些想法也为自己将就的生活方式找到了一个又一个借口。

我想传递给大家的是，这些做法并不能为我们省时、省钱、省力，反而是在纵容自己接受将就的生活方式。这是一种阻止我们进步的恶习，更是一种让我们的思想变得狭隘的思考模式。这种毫无意义的小心思并不是一种创新，而是在浪费我们的生命。我们无法用这样的方法去服务于别人，去创造价值，去为社会做贡献。那么，我们可不可以大度一点，从大格局出发去想问题？比如，与其把时间浪费在这种整理收纳方式上，还不如买个好用的鞋柜，或是找个木工师傅改造一下不合理的衣橱，或是买个首饰盒装首饰，或是买几个小瓶化妆品方便出行。

错误的补救方式，就如同犯错后首先想到的是如何掩盖这个错误，而不去想为什么会犯错。就像我在自己的第一本书《留存道》里提到过的，不要纵容错误的存在。

这就是格局，这就是意识！

在自己的家里，怎么整理收纳都无可厚非，但是走出自己家就不一样了。空间管理服务是一种意识方面的提升，更是一种生活品质的提升，这适用于千千万万个家庭。服务意识是锦上添花，而非雪中送炭，炭终究会烧完，而当你拥有了服务意识以后，你的出发点就不同了，你的思维方式就改进了，生活也不将就了，你会不断地提升自己的生活品质，最终拥有一个有序、有温度的家。

总结

别人的生活像诗，你的生活像屎。

二、
卧室的空间管理
与收纳规划

卧室一定要有一张舒服的床，随时可以给自己充电，恢复生命的能量。

卧室是你自己或你和伴侣最私密、最放松的空间，

卧室的整洁直接影响着你们的休息质量。

试想一下，你真的愿意在一个凌乱的卧室里休息吗？

一个床上和地上都堆满了衣物和其他杂物的卧室，

很容易让人感到焦虑，无法真正地放松。

卧室的功能和分区

你需要一个储物功能非常强大的卧室，让视线所及之处不混乱。

有的床自带床箱，可以放置不经常用的换季床品和衣物；床边有床头柜，用来放置台灯、杂物或者手机，但最好不要把手机和 iPad 放在床头柜上，会影响睡眠质量。床头柜里经常被杂物堆得乱七八糟，如果家里储物空间够大，那么可以选择扔掉床头柜，改用角几或层板式床头。

有的卧室有书柜、书架、电脑桌或办公区，工作结束就可以一步跨到舒服的床上休息。如果是租房或者自己住，这样的设计没有问题。但如果你有伴侣，甚至有了孩子，孩子还小，暂时需要跟父母在卧室里一起睡，那就不适合在卧室放置这些家具了，因为你在工作或看书的时候可能会打扰别人休息。

　　我还是要强调，卧室是用来休息的，一切影响睡眠的设计都要尽量避免。衣橱是多数人卧室里最重要的储物空间，也是整个家里最容易凌乱的地方。在《中国家庭收纳现状白皮书》的调查中，我们发现在受访者心中，家里最容易凌乱的区域就是卧室，也就是衣橱、衣帽间、梳妆台等，占整个家庭空间的 55.32%。其实，欧美大多数家庭的衣橱都在单独的衣帽间内，但是中国人的家由于空间有限，大多衣橱都在卧室里，而我们也更习惯于在卧室里更换衣物。由此可见，只要有一个功能强大的衣橱，规划得当，能容纳家人所有的衣物、换季床品，既可解决卧室的储物问题，也能节省空间。

　　衣橱存放了你和家人所有的衣物，浓缩了你们在外的所有样子。每件衣服都代表了你的性格，适用于不同的场合。所以，衣橱最重要的功能是帮你直观地划分出需要使用衣服的场景，便于你随时切换状态。有了足够大的储物空间之后，你需要把所有的衣物都整理好，方便你及时找到自己需要的那一件。这听起来是一件很简单的事情，但是实际做起来并不那么容易。

那么，衣橱到底应该是什么样子的呢？原来衣橱也有它自己的想法，我们来看看它是怎么说的：

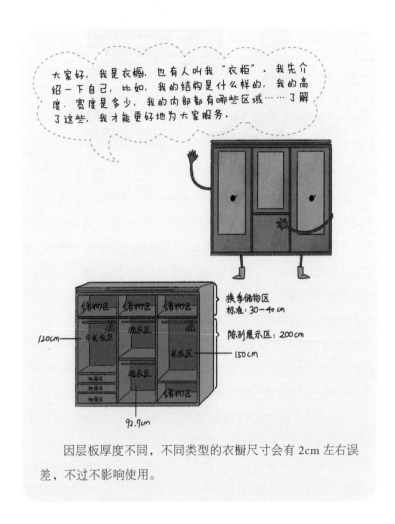

因层板厚度不同，不同类型的衣橱尺寸会有 2cm 左右误差，不过不影响使用。

---

* 图片中的尺寸仅供参考，具体尺寸以设计师实际测量为准。下同。

衣橱有这几个空间就够了

1. 储物区

● 我的身体一共分为两个区域，头部叫储物区，这个大脑里存放的是换季的衣服、被褥等暂时用不上又不能丢弃的东西。就像把学到的知识储存在大脑里，当我们需要的时候，储备库就可以发挥作用啦，宝贝都在这里。

● 储物区常规高度为 30—40cm，也有因为房屋总体比较高，高度为 50—60cm 的。这个区域除了存放上面提到的衣服、被褥外，还会存放一些包包、帽子及其他小件物品。需要注意的是，需要用百纳箱等收纳工具将这些物品分好类，然后给所有箱子贴好标签，再放进去，而不能直接将其胡乱塞进去。理由很简单，分类收纳查找简单，取用方便且不易复乱。

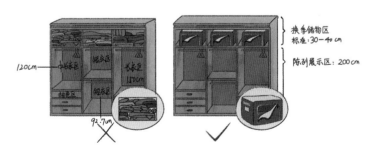

2. 展示区

另一个部分叫展示区，你有什么漂亮的衣服，如裙子、裤子、大衣、外套等，都可以放在这个位置，这个区域的高度不能低于 2 米哦。当然，这个区域还有更详细的划分，具体如下：

●**长衣区**：每个家庭中都会有连衣裙、风衣、大衣等比较长的衣服，而这种衣服的数量比短衣少。长衣一般分为两种尺寸，膝盖以上长度的衣服为中长衣，衣橱尺寸需预留120cm 左右；小腿和及踝长度的衣服为超长衣，衣橱尺寸需预留 150cm 及以上。

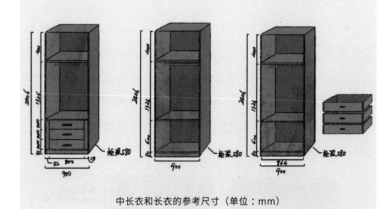

中长衣和长衣的参考尺寸（单位：mm）

● **短衣区**：大多数家庭中使用最多的就是这个空间，通常是将衣橱展示区的总高度均分而形成的。大多数设计师会把衣橱展示区设计得上面高一些、下面矮一些，理由是下面挂裤子或半身裤裙，不需要太高。其实，合理的短衣区尺寸应该是能挂上衣、长裤、短裤、短裙等可以分体搭配的所有衣服，想挂什么就挂什么。否则，当你的着装喜好或衣服款式发生变化后，你的衣橱空间就做不到"进可攻，退可守"了。

按照展示区标准总高度 2m 计算的话，去掉底边加层板，短衣区中层板与层板之间的距离应该是 92.7cm（因层板厚度不同，尺寸会有 2cm 左右的误差，不影响悬挂衣物。这个尺寸是层板与层板之间的尺寸，已经包含衣杆与层板的距离和衣架挂钩的高度，适用于男女式所有短衣）。

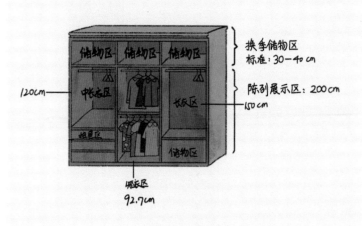

短衣区的常规设计图

●**抽屉区**：这是衣橱中必不可少的区域，通常用来收纳内衣、内裤、袜子、吊带背心、打底裤等小物件。一般情况下，它应设计在中长衣区域的下方，将这个空间均分为3—4个抽屉即可。

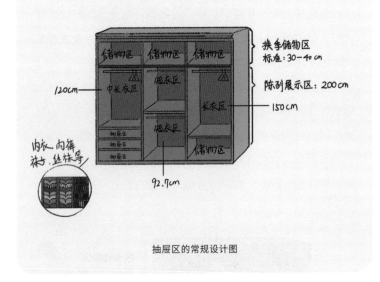

抽屉区的常规设计图

● **层板区**：有的家庭需要这个区域，有的则不需要；有的家庭需要预留得多一些，有的则需要预留得少一些，但无论多与少，它的空间都应该是独立的。比如，包包区可以出现在抽屉区的上方，也可以独立占用一个或多个展示区，尺寸通常分为 20cm、30cm 和 40cm。包包区的柜体应该打侧排孔（注：侧排孔就是柜体左右竖板上预留的联排孔，便于随时调整层板的高度，以满足不同时期的需求）。

这里要说的一点是，如果你的鞋柜足够高、足够大，可以考虑把放包包区设计在鞋柜的上方。不到万不得已，尽量不要占用衣橱内的空间。

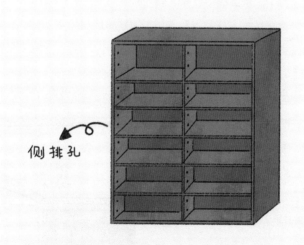

侧排孔

最实用的衣橱尺寸是多少

1. 中国住宅毛坯房的高度一般为 2.8—3m，地砖或者地板大概占用 10cm，顶部处理会占用 15—20cm（常规吊顶约 15cm，新风系统约 20cm），顶部做好后，四周通常会有个石膏线，这些加在一起，房屋所剩高度为 2.5—2.6m。

2. 有的设计师会给柜体加一顶帽子（顶线装饰），大概 10cm，扣除这些尺寸，再去掉上层储物区 40cm，剩下的展示区，扣除底边（8cm）和柜体内的层板厚度（一般为 1.8cm），如果平均分成两个短衣区的话，每个区域层板与层板之间的有效高度大概为 92.7cm。这个尺寸，如果再减掉衣杆位置和衣架金属挂钩区域尺寸，刚刚够挂短衣。这就是衣橱高度最好为 2.4m 以上的原因。不过，衣橱高度不管是刚好 2.4m 还是高于 2.4m，陈列展示区的高度都是 2m。

最合理的衣橱的总体样子，是根据每个家庭的衣服款式和户型大小而定的，比如，超长连衣裙多的话，就需要预留长衣区；及膝连衣裙多的话，就需要预留中长衣区；男士半身衣物多的话，就需要预留短衣区。右图的衣橱预留了 4 个短衣区、1 个中长衣区，适合没有超长连衣裙的女士或男士使用。

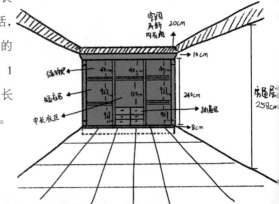

● **男士衣橱**：没有连衣裙，长款大衣相对也少，所以预留少量的中长衣区，其他都设计为短衣区。

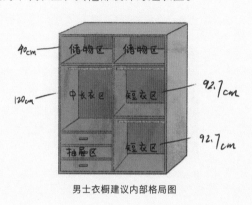

男士衣橱建议内部格局图

● **儿童衣橱**：8 岁以内的儿童衣服相对较小，所以 2m 高度的衣橱内可以设计 3 层短衣区，放置内搭衣物。大衣外套和连衣裙较长，这个区可以设置成与成人衣橱一样的尺寸。儿童的小件物品很多，所以需要多预留一些抽屉。

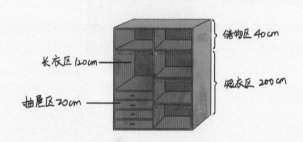

8 岁以下儿童衣橱建议内部格局图

● **连衣裙较多的衣橱**：放连衣裙多的衣橱要提前预留更多的区域。但如果衣橱比较小，那就没有位置放置短衣了，所以拥有或喜欢这类衣服的家庭，就需要更大的衣橱空间。

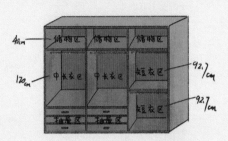

放连衣裙较多的衣橱建议内部格局图

● **包柜**：包柜的层板可以根据包包的尺寸来设计，随着包包的高度随时调整（包柜侧面需要提前预留侧排孔）。

* 层板高度可根据
包包高度随时调整

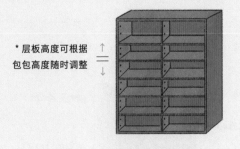

包柜建议内部格局图

● **常规家庭卧室衣橱**：如果你家的情况不属于以上任何一种类型，那就需要动手将不合理的衣橱改造成合理的样子啦！

衣橱布局的种类

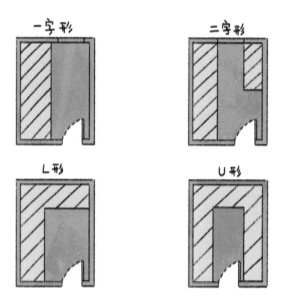

一字形和二字形的衣橱，可以参考上一节所说的衣橱内部尺寸进行合理规划。

L 形和 U 形的衣橱一般是由一字形衣橱和角柜组成的，这种设计最让人头疼的就是怎样使角柜更加实用，角柜的门应该怎样放置。

左侧设计浪费了空间，有收纳死角；
右侧设计开口小，取用不便。

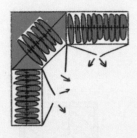 

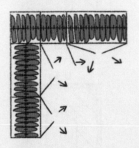

开口中，蓝色为收纳死角，
取用不方便。

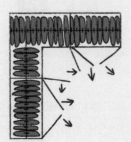

开口大，收纳死角小，
取用相对较为方便。

1. 如果衣橱高度不足 2.4m，应怎样利用空间？

　　永远记住衣橱里最实用的几个区域：储物区、长衣区、短衣区、抽屉区、包包区。根据自己的需求增加或减少相应区域，再根据衣橱总高度将衣橱模块拼合在一起就可以了。假如是高度 2m 的衣橱，可以考虑把储物区设计在展示区内（如下图所示）。

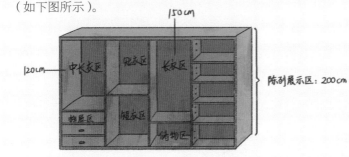

　　2. 角柜通常会设定为包包区或者长衣区，不过，我建议大家可以将角柜设计成短衣区，这样的设计储物量是最大的。

衣橱怎么设计最好看

衣橱好看与否，这跟风格有关。如果你家是极简风，那没有造型的平板门可能会更适合一些。如果是美式或欧式风格，做些装饰就可以解决问题，而且做装饰的柜子会比没有装饰的柜子在视觉上丰富许多。当然，这也跟自己的"荷包"有关系，加入装饰的造型门板自然造价也会比较高。

我带大家来认识一下衣橱的构造：

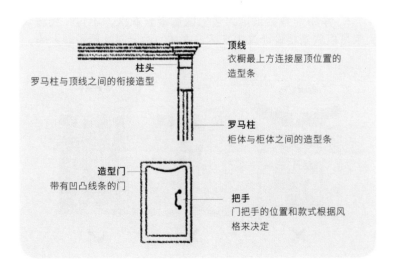

顶线
衣橱最上方连接屋顶位置的造型条

柱头
罗马柱与顶线之间的衔接造型

罗马柱
柜体与柜体之间的造型条

造型门
带有凹凸线条的门

把手
门把手的位置和款式根据风格来决定

用两个图做参考，对比以后，大概就清楚自己需要哪种风格了。其实，配饰加得越多，整体就会更好看一些。当然，这主要是根据家里的装修风格来定的。

A. 实木外形，加入了顶线、罗马柱、造型门以及花式把手

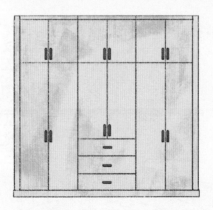

B. 选用了隐藏吸附式的无造型门，没有其他装饰，
适合极简风格或现代简约风格的家庭

衣橱到底要不要门

要不要门这个问题，就如同要不要穿外套一样，冷了就穿，不冷就不穿呗。不过，还是要根据个人的需求来做决定的。

1. **卧室衣橱**：必须有门，卧室是睡眠区，环境需要整洁，卧室衣橱如果没有门，即使整理得非常整齐，也会干扰到自己的视觉情绪，休整时容易感到焦躁不安。

2. **独立衣帽间**：是否选择柜门因人而异。如果密封性好，卫生保持得好，可以不要门；如果担心落灰，又没时间经常擦拭，建议装门。

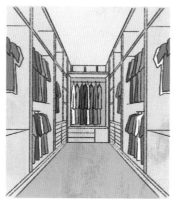

推拉门好还是平开门好？关于这个问题分歧一直都挺大的，有人喜欢推拉门，有人喜欢平开门。我们来看看门板们自己怎么说，看完，我相信你就会有一个清晰的答案了。

（1）平开门比推拉门结实。推拉门下方经常会绞住衣服下摆或者袖口，对衣服造成损伤。有的推拉门为了避免绞衣服现象发生，会在柜体下方增加 8—10cm 的高度，而且经常推拉也会减少门体的使用寿命，这也是推拉门脱轨事件频频出现的主因。

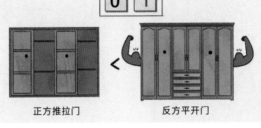

正方推拉门　　　　　　　　反方平开门

（2）平开门比推拉门节省空间。很多人认为床边的衣橱选择推拉门比较省空间，其实不然，推拉门的门体厚度在 3cm 左右，加上轨道单门，总体在 5cm 左右，双门加在一起就是 10cm 左右，会使得床与柜体之间的距离减少，让空间显得很狭窄，而平开门仅需要 2—3cm。如果把 10cm 的推拉门放进衣橱内部，又势必会对挂衣服产生影响，比如会出现推门的时候肩膀经常被门蹭到等问题。

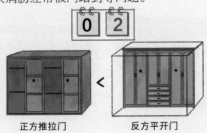

正方推拉门　　　　　　　　反方平开门

（3）平开门比推拉门使用方便。推拉门除了占用空间以外，最不能容忍的问题就是拿取衣服不便。想从左右两侧柜体里分别拿出衣服，就要推门至少 4 次。如果搭配得不满意，想换一件，至少还要多推拉 2—4 次。因为总有半面门是关着的，不能完全看到和取用柜内的衣服。为了选出合适的衣服，往往会再增加推拉次数。而平开门只需要把门都打开，即可一目了然地看到所有衣服，拿取也方便。其实很多人选择推拉门是为了解决柜门与床头柜之间的距离问题，不过，即使有了床头柜，平开门还是可以打开 35°—45° 角的，不影响取用衣物。还有一点，衣橱里面的衣服一定有经常穿和不经常穿的两种，可以把不经常穿的衣服放在床头柜的那一端，就可以避免出现这类问题。

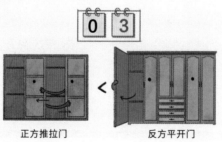

正方推拉门　　　　　反方平开门

（4）平开门造价比推拉门便宜。因为平开门的工艺简单，除了门体造型，就是合页铰链（合页五金）了，而推拉门既要考虑大面积面板，又要考虑柜门的轨道，自然价格就比较高。我始终认为越简单越便捷。

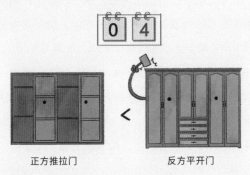

正方推拉门 < 反方平开门

正方：你这是狡辩，自从我出生以后，就备受好评。而有了床头柜后，我就起了巨大作用，从来不会碰撞床头柜。你说只开35°—45°角，这就是在糊弄人，好好的柜子，凭什么不让人家打开门呢？所以还是推拉门好。

反方：我把床头柜换成北欧风格的角几或者在床头上方加个置物架就能打开门了，你还有什么想说的。

大家都是各说各有理，其实各有优点，都是设计师辛辛苦苦设计出来的。但是呢，我们确实兄弟姐妹众多，也没法分出伯仲，谁最好用还得用户自己说了算。这个篇章已经把咱们衣橱家族的特点和用途都做了分析，大家可以根据自己的实际需求来选择。来吧，我们和好吧！

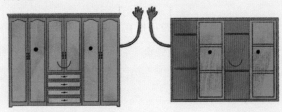

三、
衣服的
整理规划与收纳

上一章提到了衣橱该有的样子，而关于衣橱的内部格局改造扩容的问题，我在自己的第一本书《留存道》里提过。当然，如果你没有改造的话，也可以用这一章的方法让自己的衣橱节省20%—30%的空间。

衣服不要叠，全部挂起来

1. 衣服为什么要悬挂？叠放衣服有什么弊端？

　　首先，最重要的一点就是叠放的衣服不好找，而且需要反复"维护"，因为取用几次就乱了。其次，很多材质的衣服叠放时间久了会被压变形，每次穿之前都需要熨烫。所以，叠放衣服非常费时费力，还是悬挂起来比较好。

2. 为什么挂衣服会变形？

很多人认为衣服挂起来会变形。想要省时省力地悬挂衣服，首先要选用适合悬挂衣物的衣架。因为衣服本身有重量，如果使用不防滑的衣架，时间久了被挂的衣服就会自动下坠，肩膀位置就会撑出"小耳朵"。

3. 如何选择衣架？

西装、外套、大衣需要选择宽一点的衣架，因为肩膀部位需要支撑，避免变形。其他衣物需要选择窄一点的衣架，节省空间。两个选择都有一个共同点，那就是衣架能防滑。防滑的衣架有很多种，我推荐使用可以干湿两用的植绒衣架。你没听错，植绒衣架现在有干湿两用的了，这种衣架质感很好，每个地方都防滑，用它将洗好的衣服直接挂在衣橱里，不伤衣物的同时还节约空间。

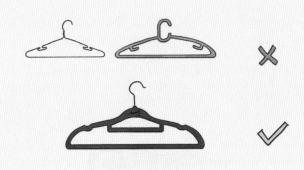

4. 什么情况下悬挂的衣服会变形?

● 衣橱内的衣服不能太挤，衣量大约占每个柜体的 4/5，挂得太挤，取用时会产生拉扯的现象，从而导致衣服变形。

● 无论用何种衣架挂衣服，一定要从衣服下摆方向拿取衣架，不能直接从领口处往下撕扯，否则会使衣服变形。

● 选择廉价或不防滑的衣架会使衣服自动下坠，导致衣服变形。

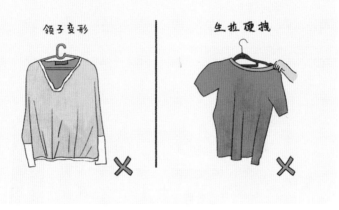

5. 当季衣服实在挂不下，必须叠放时，应该首选叠什么？

如果衣橱经过改造以后（注意，是改造以后哦。如果没改造就想着叠放，那你可能需要叠很多很多很多……）还是挂不下所有衣服，就必须选择叠放一部分。

首先，选择牛仔裤和运动裤，这两种材质的裤子不易起皱；

其次，选择胸口无涂层 T 恤或运动衣，这两种材质的衣物叠放后不易变形受损；

最后，选择其他材质的 T 恤或打底毛衣。

这里需要注意的是，如果是夏天，首选的应该是不常穿的羽绒服或者棉大衣，可以放在侧面带拉链的百纳箱内，然后放置在储物区或者长衣区下方空余位置，取用也非常方便。这样做是为了释放空间，置放经常穿的衣服。

如果衣橱改造合理了，上述物品也都叠好了，你的衣服还是放不下，那就要考虑添加衣橱，或者控制购买衣服的数量了。

6. 衣服必须叠时该怎么叠?

不靠谱整理法

（1）**商场陈列法**：将衣服正面朝下平铺，左右两侧分别向中间折叠，再把衣服的领口和下摆进行对折，最后翻转到正面，这种方法多用于商场陈列时。而在家庭中使用的话，抽取时衣服容易坍塌。

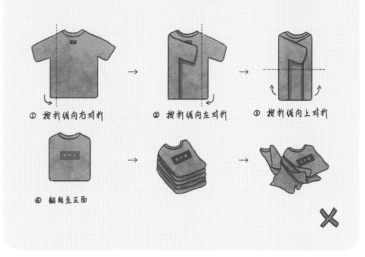

① 按折线向右对折   ② 按折线向左对折   ③ 按折线向上对折

④ 翻转至正面

（2）**口袋法**：将衣服平铺，左右两侧分别向中间折叠，将领口向腰部折叠后，再将领口处塞进衣服下摆内部。这种方法将图层隐藏在内侧，不易查找衣服，图层容易粘连，损伤衣服。

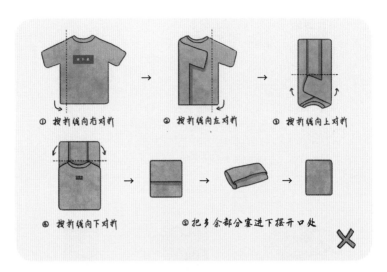

① 按折线向右对折　　② 按折线向左对折　　③ 按折线向上对折

④ 按折线向下对折　　⑤ 把多余部分塞进下摆开口处

（3）**蛋卷法**：将衣服平铺，下摆位置向后折叠 5cm 左右，左右两侧分别向中间折叠，然后将领口向腰部方向卷起，再将腰部原本折好的位置翻过来，把卷起来的衣物包裹住。这种方法看似小而巧，实际图层隐藏在内侧，不易查找衣服，图层容易粘连，打开后易出皱，损伤衣服。

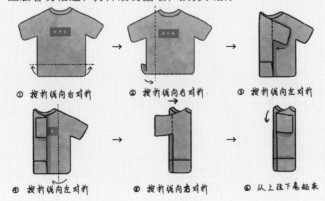

① 按折线向后对折　　② 按折线向右对折　　③ 按折线向左对折

④ 按折线向左对折　　⑤ 按折线向右对折　　⑥ 从上往下卷起来

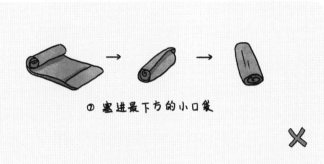

⑦ 塞进最下方的小口袋

❌

（4）**插书法**：将衣服正面向上平铺，左右两侧分别向中间折叠，将领口向腰部三分之二处折叠，再三分之一、三分之一地依次向腰部折叠。这种方法同样将图层隐藏在内侧，不易查找衣服，图层容易粘连，损伤衣服，而且叠好的衣服容易散开。

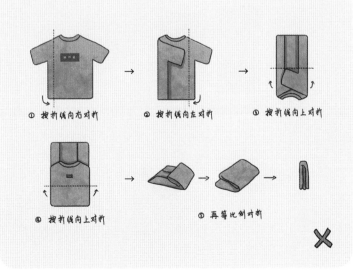

① 按折线向右对折　　② 按折线向左对折　　③ 按折线向上对折

④ 按折线向上对折　　⑤ 再等比例对折

❌

靠谱的懒人整理法

（5）**露 LOGO 法**：将衣服正面朝下平铺，左右两侧分别向中间折叠，将腰部向领口方向的三分之二处折叠，再将领口向中间折叠，最后将剩余部分对折。这种方法图层可以露在外面，方便按照款式查找衣服，图层不容易粘连，减少衣服的损伤程度。

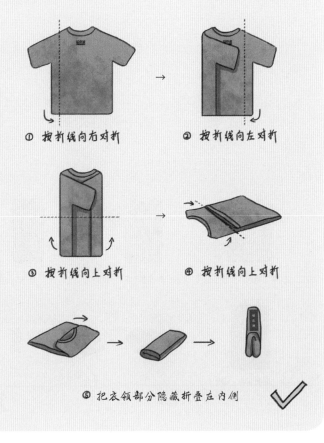

① 按折线向右对折　　　② 按折线向左对折

③ 按折线向上对折　　　④ 按折线向上对折

⑤ 把衣领部分隐藏折叠在内侧

裤子的整理方式

1. 裤架区真的适合你的家吗?

大部分家庭的衣橱内都有收纳裤子的抽屉。裤子抽屉架的设计理念在国外是用于大型衣帽间的,将放置上衣和裤子的位置进行大面积分区。切换到国内家庭的小衣橱中,这个位置就显得没有那么实用了,只能挂裤子,不能裤子、上衣一起挂,而且每个裤子抽屉架只能挂为数不多的几条裤子,这就会导致裤子收纳不集中,极容易出现找不到裤子的现象。建议把裤子抽屉架拆除,加一根衣杆(衣通),这样可以扩大挂裤子的空间,把所有裤子集中悬挂。

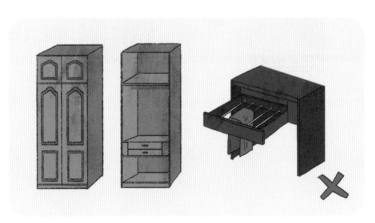

2. 裤子的悬挂方式

（1）为什么裤子用衣架悬挂，而不是裤夹？

裤子用裤夹悬挂，会以裤子的总长度加裤架高度的整体尺寸来占用储物空间。然而，中国家庭中的衣橱普遍偏小。

建议不用裤夹，而选用衣架的横梁悬挂裤子。

用衣架悬挂裤子的方法和用裤子抽屉架横梁悬挂裤子的原理是一样的。裤子抽屉架只能挂裤子，而如果选用超薄的植绒衣架，可以节省更多的空间，悬挂裤子的数量也比抽屉架更多，而且用衣架悬挂必定要有一根衣杆，这根衣杆上既可以挂裤子，也可以挂上衣，能满足不同时期储物需求的多变性。

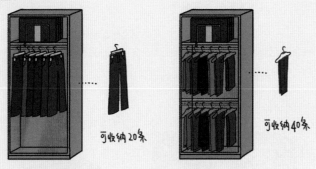

（2）用衣架挂裤子会出皱怎么办？

其实这个问题的产生跟选用的衣架有关系。例如，铁丝衣架的横梁承重不好，裤子挂上去就会向中间塌陷，导致裤子集中在中间，或者集中到一侧，堆积后就会变形出皱。

选用植绒衣架就可以避免这种情况发生。因为植绒衣架每个地方都防滑，横梁位置也有植绒，承重力足够，不会塌陷。

（3）实在挂不下，必须叠放时，应该怎么叠？

可选用的折叠方法有：三折法、口袋法、立式法。

● **三折法**：先将裤子左右两侧对折，再将裤子裆部向内收起，最后将裤腿和裤腰向中间折叠成三等分。这种方法适合层板区，摆放的时候注意要把每条裤子交替叠加，因为腰部太厚，都放在一个方向容易倒塌。

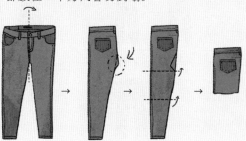

● 口袋法：将裤腿叠向裤腰，然后塞进腰部。这种叠法裤子容易出皱褶，直筒裤和阔腿裤不适用。

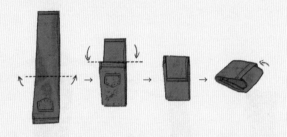

● 立式法：对折，对折，再对折，这种方法需要放置在抽屉内才有效，否则容易散开。

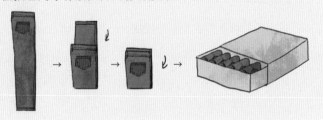

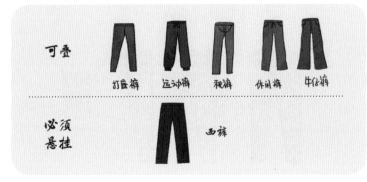

可叠   打底裤   运动裤   秋裤   休闲裤   牛仔裤

必须悬挂   西裤

换季储物区的整理方式

这类区域的收纳原则有一个关键词：**巧用百纳箱**。

1. 被褥的收纳

按照百纳箱的长和宽将被褥折叠好，放入百纳箱内。薄的被褥每个箱子可以放 2—3 个，厚的被褥每个箱子放 1 个。

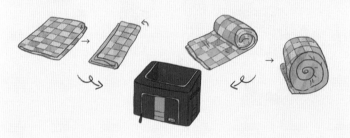

2. 枕头的收纳

直接收纳在百纳箱内，注意平铺与插空，减少百纳箱内空间的浪费。

3. 换季衣物的分类

接下来要了解衣物如何分类了，可将衣物分为四大类：淘汰类、当季类、反季类、收藏类。

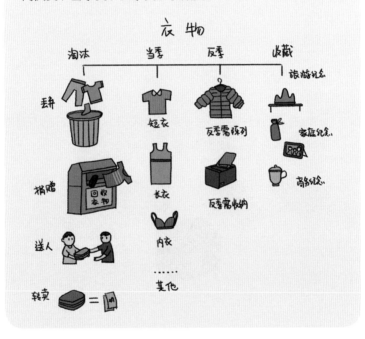

● 淘汰类

务必提醒自己当天或第二天将物品清理出去，否则会影响家里的环境。无暇处理的后果就是又会堆积到衣橱或衣帽间内，造成复乱。

丢弃：淘汰不要的物品。这类物品没办法捐赠、送人或转卖，直接丢弃在可回收的垃圾站里。

捐赠：羽绒服、棉被、毛衣、牛仔裤、运动服等方便保暖类的闲置衣物，可以清洗干净后捐赠。可找相应公益机构上门收货。

送人：一些不适合捐赠的时尚类衣服，可以选择送人。

转卖：有些不想要的衣服和奢侈品等，可以转卖。也有专门机构上门收货。

● **当季类**

短衣：包括衬衫、T恤、小衫（轻薄类的上衣）、短外套、针织上衣、马甲、短裤短裙、裤子（可以对折悬挂）等。

长衣：包括中长连衣裙、超长连衣裙、针织长外套、中长大衣、超长大衣、连体裤等。

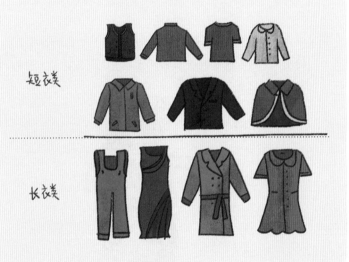

● 反季类

反季展示：不能折叠收纳的衣服，如皮草、皮衣、羊绒大衣、毛呢大衣等。

反季收纳：参照当季类的分类方式，将其分别收纳在百纳箱内。如遇单品类数量少，不足一箱的时候，需要合并相近品类，共用一箱。超过半年以上不取用的物品，一定要记得写清楚标签哦！

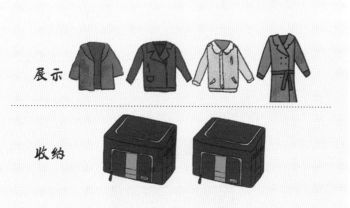

● 收藏类

一些旅行、开会、结婚纪念日时穿过的衣服或是个人特殊喜爱又不能再穿的衣服，按照类别分别存放或合并相近类别存放。

4. 换季衣服收纳顺序

● **春季收纳顺序**：春季收纳的是秋冬的衣服，再次取用这些衣服时的天气应是逐渐变冷的，所以将薄衣服放在最上方，厚衣服放在最下方，按照天气逐渐取用。

● **秋季收纳顺序**：秋季收纳的是春夏的衣服，再次取用这些衣服时的天气应是逐渐变暖的，所以将厚衣服放在最上方，薄衣服放在最下方，按照天气逐渐取用。

小件物品的整理方式

衣服和裤子都是能挂就千万不要叠，除此之外的小件物品，比如袜子、内衣内裤、泳衣、打底裤、吊带背心、睡衣等，则需要叠放。当季的使用抽屉分隔盒来收纳，非当季的使用百纳箱来收纳。

1. 一般袜子的整理

不靠谱整理法

● **奶奶法**：把袜口翻出来包裹住剩余部分，将袜子团成一个球体。这种方法看似简单便捷，但因为是球体，所以非常占用空间。

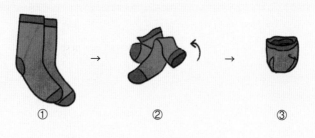

①   ②   ③

● **爸爸法**：对折袜子，把袜口翻出来包裹住剩余部分，将袜子包成一个长条形。这种叠法简单粗暴，不美观，也占用空间。

①　　　　　②　　　　　③

● **蛋卷法**：将袜子平铺，从袜尖卷向袜口，然后收纳在蜂窝形的收纳盒内，通常会导致厚袜子一个格子放不下、薄袜子一个格子放不满的情况发生，放不满就容易散开，容易复乱。

①　　　　　②　　　　　③

● **口袋法**：将两只袜子脚跟部位向上，平铺成一字形，然后将两只重叠在一起，折叠两下，最后将袜口处向外翻折包住剩余部分，呈方块状。这种叠法步骤烦琐不易操作，费时费力，且袜口处容易松散。

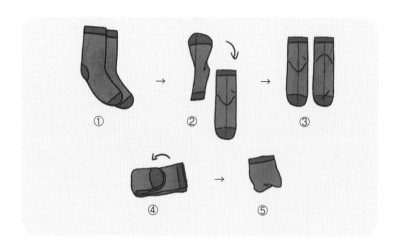

靠谱留存道式懒人整理法

保持袜子原有的形状，然后以脚跟处为中心点，向内侧折叠。这种方法简单方便，但需要把袜子放在抽屉分隔盒里。

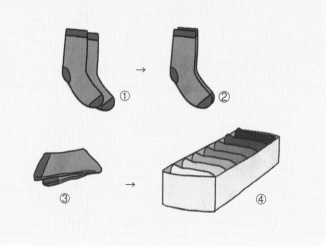

2. 丝袜的整理
不靠谱整理法

● **系扣法**：将丝袜对折后在中间系个扣。

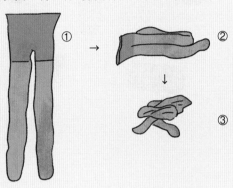

● **麻绳法**：将丝袜对折后卷成卷，再将一侧塞进另一侧里。

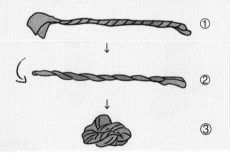

● **蛋卷法**：将丝袜左右对折，从一端卷向另一端。这种方法容易划伤丝袜，且操作烦琐。

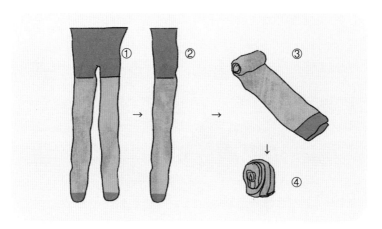

靠谱懒人整理法

● 口袋法：对折、对折、再对折，最后将腰部翻折包裹袜体。这种方法可以把袜子最容易抽丝的部分完全包裹住，取用时不易刮花袜子。

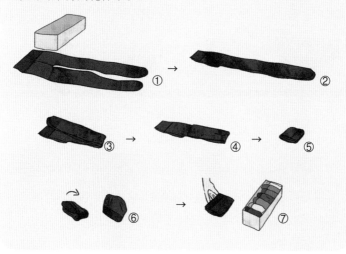

3. 内衣的收纳

- 带海绵的使用懒人法依次平铺在抽屉内即可。
- 超薄的对折放在抽屉分隔盒内。

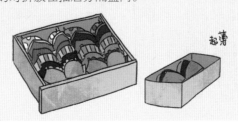

4. 内裤的收纳

不靠谱收纳法

- **平叠法**：将内裤平铺，左右对折，裆部向上方折叠。这种方法只能平铺在抽屉里，且取用时容易散开。

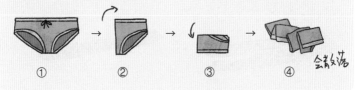

- **蛋卷法**：将内裤裆部向腰部折叠成长条形，然后从条形的一端卷向另一端。通常的收纳工具，一个格子放 1 条内裤容易散，放 2—3 条不好找，取用时还容易乱。

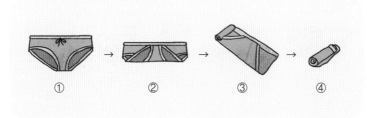

● **8步法**：啊！叠起来太复杂了，不知道怎样用语言来描述。

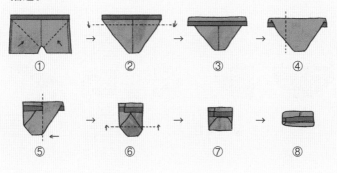

靠谱懒人收纳法

● **口袋法**：将内裤平铺，左右向中间折叠，腰部向下折叠，最后将裆部向上折叠并塞入腰部内。这种方法不易散开，取用也方便，但需要放入抽屉分隔盒内才美观。特别要注意的是，内裤叠好的宽度需要根据收纳盒的宽度来定。

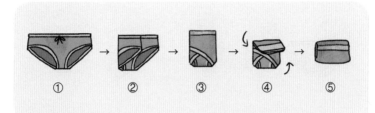

●**懒人法**：将内裤平铺，左右对折，腰部向下对叠。这种方法操作简单，取用也方便，但需要放入抽屉分隔盒内，才不易散开。同样需要注意的是，内裤叠好的宽度要根据收纳盒的宽度来定。

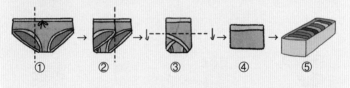

5. 泳衣的收纳

将泳衣分类平铺放在抽屉里。可折叠的比基尼，用抽屉分隔盒收纳，方便查找及使用。

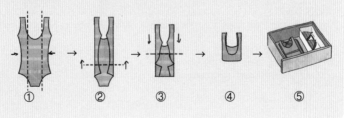

6. 打底裤的收纳

将打底裤叠好放在抽屉中（与裤子叠法相同）。

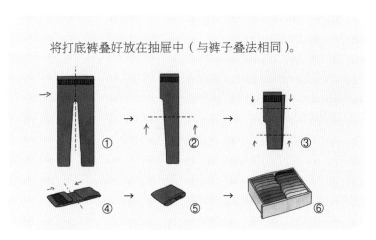

7. 吊带背心的收纳

将吊带背心叠好放进抽屉分隔盒里。方法可参考衣服折叠法。

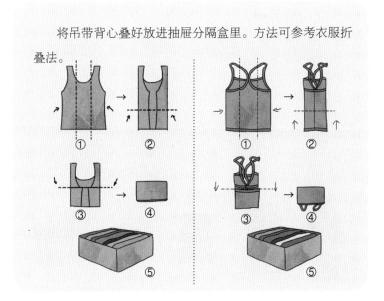

8. 睡衣的收纳

● 将夏季睡衣折叠后收纳在大号抽屉分隔盒内即可。

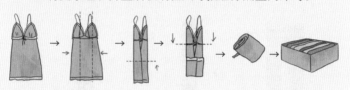

● 将春秋棉质睡衣折叠后成套放在抽屉里即可。

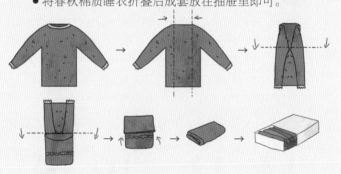

● 将冬季法兰绒睡衣折叠后成套放置在百纳箱内即可。
需要注意的是，由于法兰绒太厚，所以应当尽量减少折叠次数。

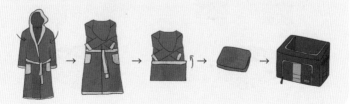

9. 小件物品收纳盒

我曾经看到太多用户家里的抽屉凌乱不堪，男女生的袜子、内裤混放在一起，有的甚至连丝袜、打底裤、背心也都放在抽屉中。为此，我试用过市面上几乎所有的抽屉分隔产品，比如插板、塑料盒、金属盒、蜂窝收纳格等，但试用的结果并不能让人满意。

在我设计的所有收纳用品中，下图这款最简单，我也最喜欢。因为方便环保，用途也非常多，解决了既矫情又懒的我在生活中的一个大问题。

内衣、内裤和袜子是每天都需要更换的物品，收纳它们的抽屉是每天都要抽拉的，因而灰尘也会多。一些塑料制品和毛毡制品的收纳盒非常容易吸附灰尘，不出一个月，收纳盒的外壁就布满了灰尘。对于我这个超级忙碌的处女座来说，容忍不了灰尘的同时，也容忍不了每月清洗收纳盒。

所以，我灵机一动想到了可替换的纸质用品，选用可降解材质的纸制品，做成可替换装，每个季度更新一次，就可以省去很多烦恼，便宜、健康还环保。它不但可以用在衣橱的抽屉里，还可以用来收纳电池、灯泡、调味料包、针线、数据线、钥匙、指甲剪、香水、指甲油、药品等很多家中的小件物品，便于分类和收纳。

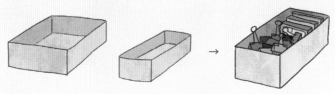

丝巾、围巾、腰带、领带的存放方法

1. 丝巾和围巾的收纳

你猜猜看，丝巾和围巾应该怎么处理呢？

挂起来？当然，围巾用衣架挂起来是最不可能出现褶皱的，可是你家里的挂衣区有那么大吗？挂了围巾，其他衣物又要怎么放呢？也许你还见过下图这种丝巾架，不过这种架子是最占空间的，并且丝巾挂上去后中间会出现大面积褶皱。所以，不建议使用这种收纳工具。

谁家还没有个八九条围巾呢，与其丢得到处都是，可用的时候又找不到，还不如把围巾叠好放进抽屉里。相信我，这是最省空间的方法。

叠好的丝巾通常放下就散开了，所以收纳丝巾也需要一个好的工具——抽屉分隔盒，这样就可以轻轻松松地把丝巾收纳好了。

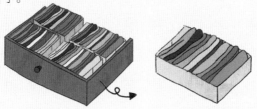

围巾通常有三种厚度：戒指绒厚度、羊绒厚度、披肩厚度。戒指绒围巾的收纳方法与丝巾一样，要借助分隔盒；其他两款围巾，直接叠好放置在抽屉里就可以了。

对折、对折、对折、再对折，就可以了吗？错！

围巾的正确叠法是三折法。无论多大的围巾，在放入抽屉时都会面临如何控制围巾宽窄的问题，这时候就需要使用三折法，即将左右两侧分别向中间折叠，折叠的横向宽度取决于抽屉的宽度，最后竖向折叠成小于抽屉的高度，操作完成。

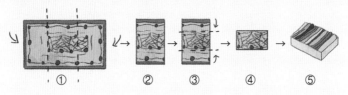

①   ②   ③   ④   ⑤

2. 腰带的收纳

通常腰带是被卷完后放入多宝格收纳盒内的，但是每个腰带的宽窄和款式不同，只用卷的方法似乎满足不了所有腰带的收纳需求——当然也有腰封之类的东西。市面上确实没有一个适合各种款式腰带的收纳容器。那么，挂起来？不建议！因为挂起来也占空间啊。所以，目前最好的方法就是使用分隔盒。软一点的腰封可以叠起来，大腰带卷起来，记住，一定不能卷得特别紧哦！

3. 领带的收纳

不推荐挂式

很多人会把领带挂在架子上，但是领带挂久了会使宽的一面下坠，而其表面与衬里的材质不同，最后导致表面与衬里长短不一，容易使领带变形，尤其是真丝面料的领带。所以，不推荐悬挂领带。

提倡卷式

　　可以将卷好的领带放入多宝格收纳盒或抽屉分隔盒内，这样能非常清晰地看到领带的花纹和颜色。大家通常的做法是将领带对折，然后由细面卷向宽面，完成。实际上需要从领带的窄面底部向宽面轻轻地卷，因为对折后领带中间会有折痕，影响领带的美观，时间久了会导致领带变形。

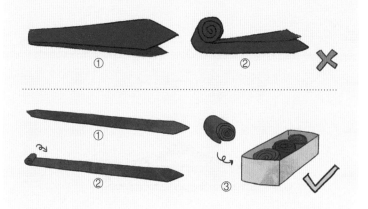

"衣橱三剑客"，
整理衣橱只用这三件收纳用品就够了

"工欲善其事，必先利其器"，其实一个整洁的衣橱，不需要功能多变的各种收纳"神器"，只需要植绒衣架、环保抽屉分隔盒、万能百纳箱这"衣橱三剑客"就可以啦！对，就是这么简单。我们先来认识一下它们吧。

1. 植绒衣架

不伤衣服，挂 T 恤和毛衣，肩膀也不出小耳朵，而且厚度只有 4mm，超级节省空间。我自己研发的干湿两用植绒衣架，洗好的衣服直接晾晒，晒好了直接挂进衣橱，就是这么方便。

2. 环保抽屉分隔盒

可以收纳抽屉内的小件物品，如内裤、普通袜子、丝袜、丝巾等，环保分隔，不互相污染。

3. 万能百纳箱

可收纳各个区域的物品，一箱多用。使用时容量超大，不用的时候也容易折叠收纳。

为什么我会自己研发设计干湿两用植绒衣架和抽屉分隔盒呢？因为我懒呀。为了让自己不再叠衣服，我便开始"丧心病狂"地试用市面上几乎所有的收纳用品，试图找到可以解决又懒又矫情又有高颜值要求的我的需求，然而并没有找到。所以，就有了这两款产品。

衣物整理步骤

再次回归到整理衣服的步骤上：

1. 清空衣橱　　　2. 规划改造　　　3. 物品分类

4. 陈列悬挂　　　5. 小件物品归位　　6. 换季收纳

那么，你的衣橱整理好了吗？

以上内容讲的是如何将衣物科学系统地分类收纳进衣橱里，给每件衣物找一个"家"，让你拥有一个一目了然又不复乱的衣橱空间。下面，你应该知道一些关于衣物收纳的小原则：

1. 衣橱一定要集中一次性整理，才能最有效地将同类物品集中收纳。

2. 不要轻易扔掉舍不得扔又放不下的衣服，改造空间格局就可以保留心爱之物。

3. 衣裤能挂就不要叠，叠放会损伤衣服。

4. 丝巾、围巾不要挂起来，叠放在抽屉里最方便。

5. 内裤、袜子一定要分隔放，用抽屉分隔盒避免交叉污染。

6. 换季衣物收纳应该按照春季、秋季进行区分。

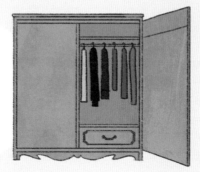

这样，我们的衣橱就彻底整理完啦。怎么样？这些方法随时可用，既简单又方便，且整理后衣物不容易乱，还能节省衣橱空间，存放更多物品。其实，同样的方法，在鞋柜、厨房、储物柜等空间内都可以适用哦。

四、
服装配饰的
整理规划与收纳

服装配饰是女生物品里必不可少的单品，也是我们卧室收纳中的痛点，
我们来了解一下这些配饰都有哪些类别，又该如何收纳吧。

饰品的收纳

1. 饰品盒

　　不建议购买下图这样的饰品盒。选择饰品盒的时候不要被外表所吸引，要考虑到购入后放在家里的什么位置，盒子打开是否方便，盒子里面的隔层是否可以放下自己所有的饰品，是否有个梳妆台可以放这个体积不小的饰品盒。以我自己为例，我一定不会买，因为首先我的饰品的数量已经超出了这种盒子的容量，其次我家没有合适的台面陈列它。

2. 饰品柜

我的很多客户的饰品过多，我本人就是饰品比较多的人，多到真心无处安放。用市面上的首饰柜、首饰盒进行收纳始终无法解决这个问题，通常是收纳以后不好找。盒子太小，时装类的饰品又太大，一些收纳盒没有包绒设计，会损伤饰品。经济基础好一些的朋友可以选择定制饰品柜，根据自身的需求定制一款可以收纳戒指、耳环、项链、手镯、眼镜、手表、丝巾、腰带等配饰的柜子，这样就可以解决饰品收纳的问题了。以下是我自己设计的首饰柜，供大家参考。

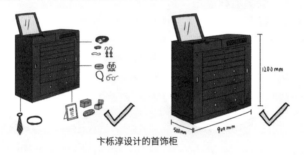

卞栎淳设计的首饰柜

3. 饰品抗氧化收纳

用封口袋收纳饰品是我正在使用的方法。因为我本人经常出差参加一些节目的录制工作和演讲，需要带不同的饰品出门，所以我选择了用饰品袋来收纳，这样方便携带，还不会使饰品氧化。把每个小袋子集中放在一个大袋子里，最大的好处就是省空间，不占地方。我把饰品分为两大包，一包是不经常戴却又非常喜欢的，放在家里作为收藏；另一包是新买的和经常戴的，这样出差的时候一个收纳包就可以搞定。找耳环就专门去耳环的分装袋里找，即便把耳环都倒出来找，因为有封口袋的保护，也不用担心会划伤饰品。

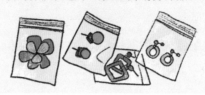

4. 饰品氧化处理

饰品一旦氧化就会变得非常难看，影响质感。一些饰品品牌都有专门的终身养护服务，没有的怎么办呢？大家可以找专业的饰品养护店进行养护，或者自己动手。贵金属类的可以选择抗氧化膏或抗氧化水，自己根据说明书就可以操作啦。一定要注意，珍珠、珊瑚、装饰钻石等不宜使用抗氧化膏或抗氧化水哦。当然，这种氧化的情况在原本就比较便宜的饰品中出现的频率比较高，所以建议大家在购买饰品时，一定要选择好的材质或品牌。一个工艺上乘的饰品可以用很多年甚至一辈子，这也是一种节约的生活态度。

礼 服 的 整 理

整理礼服时，应该注意以下几点：

1. 将清洁后的礼服进行分类，比如裙子、套装、外搭等。

2. 分区域存储，分类悬挂，套上可视型的衣服防尘套，做好防尘处理。

3. 使用完后放回原处。

这么好用的可视型衣服防尘套也是我设计的啦，写此文字的时候搭配着得意的表情。

对于礼服较多的人来说，最大的烦恼是礼服不经常穿，又担心叠起来变形。如果你的礼服需要经常穿，那一定要挂起来。挂礼服要选择最大的长衣区，否则裙摆会被折叠出皱。如果礼服不经常穿，可以选择百纳箱收纳，叠好后轻轻放置在百纳箱内。每个箱子只放 2—3 件礼服，就不会压变形，褶皱也会非常少。礼服与礼服之间要用雪梨纸间隔，避免装饰物互相钩挂在一起。如果是特别爱出皱的面料，可以选择悬挂，穿的时候可以把礼服反过来背面向上，用喷雾式蒸汽熨斗远距离弄掉褶皱就可以啦。

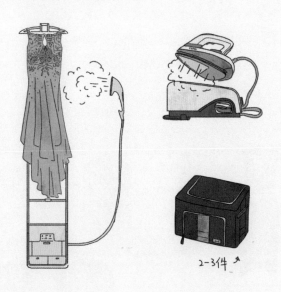

2-3件

功能性运动服饰、装备的整理

1. 整理方法

（1）将所有与运动有关的物品集中进行分类。

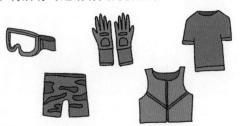

（2）根据使用者对各类服饰、装备的使用习惯和频次，
将其分成常用和不常用两类。

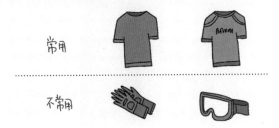

（3）根据各种物品的数量、尺寸，做好各区域的空间规划，对不合理的区域进行改造，以适应使用者两三年的空间需求。

（4）将常用的物品放在显眼易拿取的区域，而像滑雪服、雪鞋、雪板或潜水服等不常用物品，可以放在高处的收纳区里。

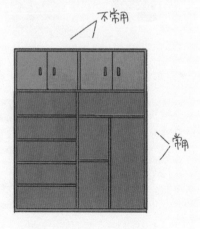

（5）整理完毕后，与家庭中的使用者做交接。

2. 认识常用运动类物品

同类型运动用品需要收纳在统一区域，便于查找取用。大件工具类直接放入储物柜，同类的小件运动物品用百纳箱收纳。记得分类要清晰，并且写好标签，便于查找和取用。

● 常用滑雪用品：滑雪服、滑雪镜、头盔、滑雪板、各种固定器、滑雪靴、滑雪杖，以及护脸、手套、护膝、护臀等。

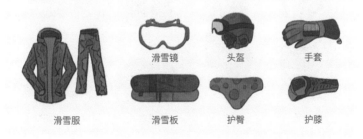

滑雪镜　　　　头盔　　　　手套

滑雪服　　　　滑雪板　　　　护臀　　　　护膝

● 常用潜水用品：呼吸器、呼吸管、潜水服、面镜、脚蹼、
蛙鞋、空气筒、潜水手套、潜水刀、浮力补偿装置（BCD）、
呼吸调节器、气瓶等。

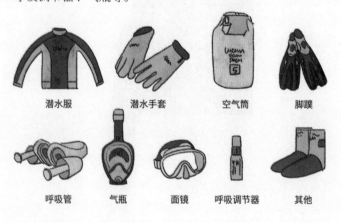

潜水服　　　潜水手套　　　空气筒　　　脚蹼

呼吸管　　气瓶　　面镜　　呼吸调节器　　其他

● 常用高尔夫用品：球包、球杆、球、手套、球帽、高
尔夫球衣、高尔夫专用鞋、伞等。

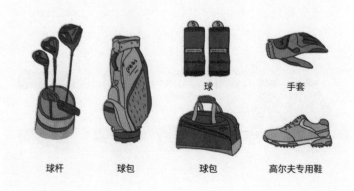

球　　　　　手套

球杆　　　球包　　　球包　　　高尔夫专用鞋

服装配饰类收纳用品的选择

1. 包包

包包收纳要选择布艺防尘袋。很多一线箱包品牌历时上百年，至今仍沿用布艺防尘袋的原因是布艺透气、防尘、抗氧化。不要自行采买市面上的塑料袋或者带塑料材质的包包防尘袋(品牌赠送的防雨包衣除外)，有的包包接触塑料后容易粘连、掉色，如漆皮包包和链条包包等。所以，建议使用原有防尘袋，如果觉得颜色不统一，可以单独购买布艺防尘袋。

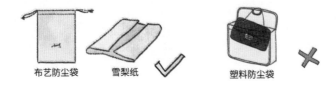

布艺防尘袋   雪梨纸 ✓   塑料防尘袋 ✗

2. 鞋子

鞋子的收纳建议选用布艺防尘袋，透气、防尘、抗氧化、美观、好携带、好清洗。不建议采用鞋盒收纳鞋子，尤其是自己单独购买塑料制品的鞋盒，因为它易落灰，还不环保，最重要的是太浪费空间。如果想解决家里鞋柜收纳的问题，最好的用品就是层板，通过增加层板来扩大鞋柜的空间，从根本上解决问题，一劳永逸。

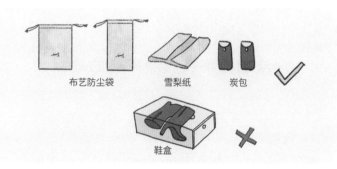

布艺防尘袋　　雪梨纸　　炭包

鞋盒

3. 腰带

腰带的收纳建议选用抽屉分隔盒，不经常使用的腰带可以放入防尘袋内收纳。

4. 饰品

推荐 20 丝自封袋，尺寸如下：

- 耳钉、戒指、细项链，用 5cm×7cm 的。
- 耳环、手镯，用 6cm×8cm 的。
- 装饰性项链，用 7cm×10cm 的。

20丝自封袋	尺寸(cm)	物品
	5×7	
	6×8	
	7×10	

透明袋

8. 运动型物品

运动型物品建议用百纳箱分门别类地进行收纳。小件物品需要使用分隔盒分清类别，并收入抽屉中。如果衣橱有位置，将其挂起来是最方便的。

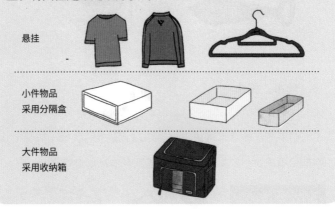

悬挂

小件物品
采用分隔盒

大件物品
采用收纳箱

9. 如何自制抽屉分隔盒

上面多次提到了一个神奇的收纳工具——抽屉分隔盒，如果家里没有怎么办呢？除了采购相应的产品以外，还可以自己制作哦。找到家里闲置的干净的纸质手提袋，折叠平铺以后，沿着折叠处用剪刀剪开，把剪下来的部分撑开，就形成了一个抽屉分隔盒。快动手搞定吧！

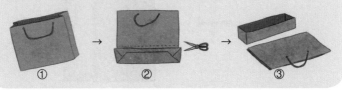

① → ② → ③

五、
玄关的
整理规划与收纳

现代装修中玄关除了有屏风遮挡、装饰作用外，还增加了储物功能，比如鞋柜、衣帽柜、储物柜的功能，放置一些出门随身携带或进门顺手放置的物品，特别是对于小户型家庭，这个区域利用好，可以增加很大一块储物空间。但是如果没有规划好，久而久之，玄关这个门面也就变成了杂物堆积之处。

玄关的痛点

1. 做鞋柜的痛点

（1）鞋柜层板间距规划不合理，会严重浪费空间，鞋子放进去后，上面会空出一大块来，最后鞋子像叠罗汉一样被塞进去，被压变形，每次出门找鞋子，一开柜门就生气。

（2）做鞋柜时留出了放置高筒靴的位置，可是夏天一到，高筒靴收纳起来后，这一块空间就只能放一层鞋子，只能眼睁睁地看着它被闲置。

（3）鞋柜里存放了一堆鞋盒，拿取特别不方便，经常找不到鞋子，翻得乱七八糟的。

（4）鞋柜做成悬空的，原本是想回家换拖鞋时不用弯腰，直接就能穿上，可是久而久之，下面堆积了一堆鞋子，还有垃圾袋、灰尘，每次打扫卫生时才意识到这个问题。装修时怎么就没想到还要打扫卫生这事呢？

> 其实，这种设计是有一个故事的：有位设计师的妈妈腿脚不方便，不能够蹲下去换鞋子，所以，设计师就将鞋柜设计成悬空的了，这样他妈妈换鞋时就不需要蹲下去，站着就可以了。但是，对于大部分家庭来讲，更需要解决的是增加储物空间的问题，在两者之间进行取舍的话，也许一柜到底更加合适。

2. 有次净衣功能的痛点

次净衣的问题一直困扰着我们。那么，什么叫次净衣呢？就是只穿过一次还不用洗的衣服。这种衣服，我们不想挂回衣橱里和干净的衣服混放在一起。

每次在网上看到北欧装修风格，换鞋凳、鞋柜、次净衣区一体设计，觉得很方便，也好看。想象着自己一进门，帽子、外套往上面一挂，屁股往上面一坐，鞋子一换，多方便啊。但是生活总是这么赤裸裸地打破你的想象力，最后这里干脆就变成了堆积杂物的地方。

在这里，我们来聊聊有没有必要设置次净衣区。根据我服务过的所有客户家的现状来看，这个区域尽量还是不要为好。在我的客户家里，这个地方最终变成了囤积衣物的地方，所有替换的外套全部被挂在了这里，有时候要找外套，在衣橱里怎么都找不到，竟然忘记了这里还有一堆衣服。

有的人说冬天的外套穿了一两天的又不可能洗，直接挂到衣橱里，感觉有点脏，放在外面又觉得乱。特别是去吃了一顿火锅后，外套上那股火锅味会"连累"整个衣橱，怎么办？又不可能总是拿去干洗，所以，挂在次净衣区这里正好啊。

但是，你有没有想过，你会每天穿一样的衣服吗？现在大部分女人，即使是冬天也不太会天天穿同一件外套，今天心情好穿这件白外套，明天想穿黑的，将白外套挂在次净衣区，后天想穿棕色的，又将黑外套挂在次净衣区，接下来几天要降温，得穿羽绒服了，又得将棕色外套挂在次净衣区……不知不觉，所有衣服全部挂到了次净衣区。最后，这里挂满了一冬天所穿的外套，这跟分好类的衣橱外套区有什么区别吗？

当然，我也遇到过一些大户型的家庭，因为他们非常喜欢在家中聚会，招待朋友，必须有一个较大的次净衣区来收纳朋友的外套，而且家里空间也足够大。这种情况，次净衣区是有必要的。但是，对我们大部分小户型的家庭来说，它存在的价值并不大。很多家庭客人来的不多，也不频繁，全

年加起来也不过 20 次。全年 365 天，为了这几十天，占用原本可以放下全家人鞋子的位置，确实不划算。可如果把这里改成鞋柜的话，增加了鞋子的储存空间，解决了鞋柜空间不足、鞋子多放不下的问题。

　　到底怎样解决次净衣的问题呢？

　　如果你家的玄关空间足够大，能满足鞋子、包包、帽子等物品的储存需求，而你又特别想要一个次净衣区，那也是可以实现的。但要记住每周收拾一次这个空间，不要堆积杂物。你需要首先规划好次净衣区的格局，将同类物品集中整理，比如，贴身衣物必须每天洗，或者放在脏衣篓里集中起来一起洗（这是一个良好的卫生习惯）；外套统一放在外套柜子里；其他不想洗的衣服，如连衣裙等，用高温蒸汽熨斗熨烫一下，消毒杀菌后再放回衣橱里。

　　如果你觉得直接放进去很脏，熨烫又麻烦，但又不想每天都洗，家里又没有足够大的空间……那你要好好思考一下，你最想解决的是东西放不下的储物问题，还是衣服脏了不想洗的问题。毕竟鱼跟熊掌不可兼得啊！

玄关的空间规划与收纳

我们首先需要思考一个问题，玄关的鞋柜满足不了鞋子数量时该怎么办？

假如你有 50 双鞋，你的鞋柜只能容纳 20 双，经过改造最多也只能放下 30 双，这时你需要重新考虑做鞋柜喽，不要将就着生活。为什么这样说呢？看看以下分析：

● 扔掉 20 双鞋——这次扔掉了，以后再买还是装不进去怎么办？

● 买 20 个鞋盒——20 个鞋盒放哪里，再买入的鞋子怎么办？鞋盒脏了、坏了怎么办？

● 换个大鞋柜——满足未来 3—5 年的储物需求，一次性解决问题。

在错误的格局下进行收纳，结果就是错误的。为了原本已经错误的储物格局再去购买无用的收纳用品，就是在纵容错误的存在。所以，你要一次性解决空间不合理带来的收纳问题。

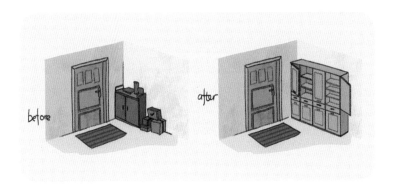

1. 鞋柜

（1）鞋柜内层板之间的高度

15cm：可以放平底鞋，比如运动鞋、船鞋、凉鞋等。

20cm：可以放 20cm 以内不加水台底的普通高跟鞋、不带跟的及踝靴等。

25cm：可以放水台底的高跟鞋、带跟的及踝靴等。

另外，如果放长筒靴的话，可以根据靴子的高度拆除相应的层板。

15cm	运动鞋　平底鞋　洞洞鞋
20cm	高跟鞋　马丁靴
25cm	及踝靴　靴子　水台鞋
根据高度调整	过膝靴

这三个尺寸是可以满足绝大多数家庭的使用需求的。可以将层板设计成联排孔，随时调整层板，这样到了冬天，只要拆除相应层板，即可放置长筒靴了。如果是夏天，把靴子收纳以后，将层板重新加上，又可以多放一层鞋子，而且鞋子上方也没有浪费。

有的人家里的鞋柜不是活动层板，怎么办？如果鞋柜高度明显不合理了，你又没有其他地方可以收纳鞋子，只能扩容这个空间，但是自己不会弄，那就请木工师傅来弄，这些活对于他们来讲是很简单的。我还是那句话：你是想继续将就呢，还是想彻底解决问题呢？自己想清楚了。

下图是鞋柜内部高度的参考。在陈列鞋子时需要考虑到个人的身高，要合理地利用自己的视觉黄金区域来进行收纳，将常用的鞋子放在视觉黄金区域，这样方便查看与取用。

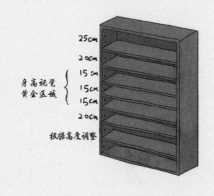

也有一些人的家里，这个原本放置靴子的区域，到了夏天，为了多放几层鞋子，从网上买来可以吸附在鞋柜上的简易伸缩层板，可是用了没多久就掉下来了。或者买塑料鞋盒，叠在一起，这样虽然可以利用到上面的空间，但是你有没有想过，到了冬天，靴子拿出来后，这些鞋盒又得找地方收纳。想要彻底解决问题，就得像我上面说的那样，自己动手或者请木工给这里增加一块活动层板。到了冬天，将这块活动层板拆下来，直接放在柜子最底部，也不占空间。

（2）鞋柜深度

鞋柜每一层的常规深度为 30cm、35cm、40cm、45cm、55cm、60cm，无论哪种鞋柜，都可以完美地收纳鞋子。

平行法	30 cm	
交错法	35 cm 45 cm	
前后法	55 cm 60 cm	

30cm 深度的鞋柜可以用平行法收纳鞋子，如果鞋柜的深度在 35cm 以上的话，女士高跟鞋也可以考虑用交错法。在

这里提醒一下，如果家里有男士的话，一定不要做深度低于30cm 的鞋柜，因为男士的鞋子尺寸一般都超过 30cm 了。

40cm、45cm 深度的鞋柜可用交错法来收纳鞋子，一前一后交错放置。特别是对于高跟鞋来说，这种方法更节省空间。

如果你的衣橱或衣帽间很大，想把鞋子设计在衣帽间里，与衣橱深度一致，那就一定要用以下这个方法了：

衣橱的深度通常是 55—60cm，如果你的鞋柜也采用这样的深度，那就不适合平行收纳。因为你只能看到外面一层鞋子，要找里面的鞋子，还得把外面一层取出来。这种鞋柜更适合用前后法进行收纳，先给里面放一只，再给外面放一只，这样每一层的容纳量比其他深度的鞋柜要大一倍，而且每双鞋都能看得到，拿取也方便。

2. 包柜

（1）包柜的深度与高度

我们首先需要查看包包储存区是否可以满足当下的包包数量需求。不同款式的包包所需的收纳空间高度有所不同，根据高度进行改造，以便更好地节省包柜空间。

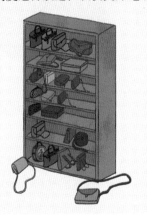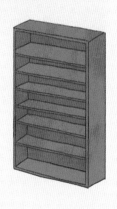

深度

包柜的深度一般为 45cm，如果需要将包柜和衣橱设计在一起的话，深度与衣橱相同即可。大家还记得衣橱的深度吗？在讲衣橱的篇章里提过了，是 55—60cm。如果是 55—60cm 的包柜，可以考虑两种方法：

● 同一尺寸的包包集中收纳。小号与小号的包包放到一起，中号与中号的包包放到一起，每层可以放两个包包，把不常用的放在里面，常用的放在外面。

● 小号和大号的包包摆放在同一层，里面放不常用的大包，外面放常用的小包，方便看清里面的包包。

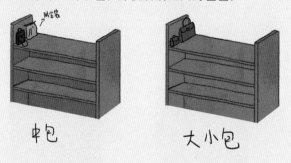

卫生袋

中包   大小包

高度

包柜的三个常用尺寸分别是 20cm、30cm、40cm，可以满足家里各种包包的收纳需求。20cm 高的包柜可以放小包，30cm 高的包柜可以放带手柄的包。你在测量包包的高度时要将手柄的高度考虑进去，因为很多包包是不能折叠的。40cm 高的包柜可以放双肩包等大包。

最近两年开始流行小包，所以需要更多收纳小包的空间，再过两年可能又流行大包了，那就可以拆掉一块层板，用来放大包，空间依旧适用。每年的流行趋势及自己的喜好一直在发生变化，生活本来就不是一成不变的，所以我们需要可以多变的储物空间来满足自己不同时期的需求。

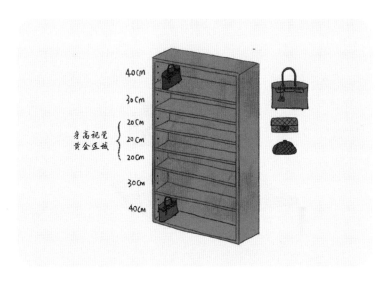

（2）大包、小包该如何分配放置

大包和小包放置的高度也有讲究，要有效利用自己的身高及视觉的黄金区域。

上层：放中号或大号包。如果放小包，个子不高的人不容易看见。

中层：放小号包。平视的角度放比较小的包，更方便取用。

下层：放中号或大号包。下方取用需要弯腰，查找不方便，放大包则相对容易查找。

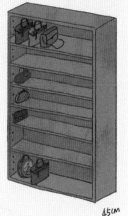

（3）怎样才能快速找到防尘袋里的包包

● 用拍立得将包包拍照后贴在柜门内侧或柜体侧面，便于使用者查找。

● 记得定期检查，避免放错位置。购买新包或淘汰旧包后要及时更新照片的信息。

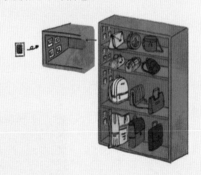

● 为了防止变形，摆放的时候记得在包里塞上雪梨纸。

● 将取用及归位的方法教给全家使用者。

3. 帽柜

　　我是一个帽子控，所以我在空间规划时就把收纳帽子的区域考虑进去了。但是我家衣橱不大，没有多余的地方放我的帽子，有些毛呢类的礼帽又不能层叠在一起，因为放久了就会变形，于是，我就在玄关的鞋柜上方开辟了一个空间，专门放置我的"心爱之物"。

在这里，我还想分享一下我的消费观点，宁可把钱攒多一点去买一个精品，也不要去买一些品质比较差的物品。总体而言，我们花费一样的钱，但是这个品质好的我会更加珍惜，使用的寿命也会更长；而品质比较差的，虽然便宜，好像我可以买更多的，但是买来之后用了一两次就不想再用了，也不会想着要去珍惜它。所以，不将就的生活态度就是，我宁可延迟享受，也要在自己能力范围内去享受更好的东西。我买帽子就是这个道理。

放帽子的这个层板也是可以活动调节的，有的人没有那么多帽子，就可以把它变成鞋柜、包柜，或者是作为自己所有物品里数量较多的物品的储物空间。总之，无论当下物品数量多与少，都要提前预留储物空间，合理化地设计家庭储物空间。一个多变的储物空间可以满足你不同时期对不同物品的储存需求。

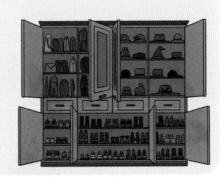

4. 玄关抽屉

玄关的设计中经常有一个考虑不到的地方，就是玄关柜中间敞开的位置。也许设计之初考虑摆放一些艺术品，但久而久之却沦为放杂物的地方，比如，钥匙包、车钥匙、眼镜、打火机、购物袋、帽子、雨伞、笔、剪刀、遛狗绳等，全部堆积在台面上。那这些东西该怎么办呢？

　　玄关的位置需要设计抽屉，用来收纳这些出门时要拿取或者进门时要随手放置的物品，比如放几个环保购物袋，如果出门去买菜发现忘记拿购物袋了，回来拿的时候不用换鞋就能轻松拿到了。再如，有的家庭还会把折叠的太阳伞放在玄关，有狗的家庭还可以放遛狗绳，出门时都可以方便拿取。

　　我们现在经常网购，拆快递时都是很着急的，那么剪刀、小刀都可以放在玄关的地方，快递到货，马上就可以拿它们拆开了。还有一些便利贴、笔、钥匙包、钱包等，都可以用小的收纳盒分类收纳后再放到抽屉里。玄关抽屉的收纳就像我们前面讲的衣橱抽屉收纳那样，运用抽屉分隔盒把杂物分类放好。

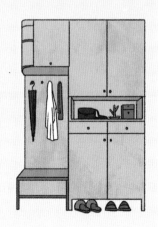

　　有的家里玄关部分没有抽屉

怎么办？一进门还是要随手放钥匙、帽子等这些杂物，你可以用托盘或收纳盒来收纳，把这些零碎的杂物都丢到里面，保证台面整体整洁，再乱也只是托盘或收纳盒这一小块区域。

"玄关"一词最早出自《道德经》的"玄之又玄，众妙之门"，原本是指道教内炼中的一个突破关口，突破此关才能进入下一个阶段的修炼。

从这个意义上看，它赋予了家庭成员角色转换的深意。比如，它提示着男人下班回家经过玄关这道"众妙之门"时，要注意角色的转换，你不再是公司的领导，而是父亲、丈夫，家中的一切和你有关，你不能以职场中领导的身份去使唤妻子，也不能以领导的视角居高临下地去教导孩子。不管你在外如何叱咤风云，回到家，你就要履行作为家庭成员的义务，干家务，培养孩子。

每个成年人都拥有不同的社会角色，只有学会在不同空间里转换角色，才能消除你因为扮演这个角色而失去某些权力后内心产生的焦虑，以及由此表现出来的不耐烦、坏脾气。前面我们提到过空间管理带来的边界意识和对欲望的限制，在这里，我希望读者不仅能学会玄关的空间管理及物品收纳，还能明白空间转变时自己的角色也会相应地发生转变。总之，只有懂得转换角色、调整心态，你才能享受当下自己应该扮演的角色。

六、
客厅的
整理规划与收纳

客厅是家中生活使用率最高的地方（甚至比卧室的使用率还要高），
也是一家人共处的公共空间，所有家庭关系交织的空间，
对于愿不愿意回家这个问题来说，客厅有着至关重要的影响！

客厅空间管理原则

1. 裸露的储物区不要太多地放在自己面前，尤其是电视墙

很多装修书籍里面都提到了节省空间的设计方法，就是在客厅的整面墙上设计储物柜，集电视墙、书柜、杂物柜于一体的储物空间，容量惊人。但很多设计会大面积地将物品裸露在外面，看电视时视觉也会被周围过多的物品所影响，容易分散注意力。

在视觉传达设计中，视觉疲劳现象的研究表明，人眼的视角张度大约为 45°，人的视力敏感区在正面中心线 10% 左右的范围之内，如果想表达的中心信息在这个范围以外，那视觉对它的敏感度就降低了。如果视域内的东西太多，显得杂乱无章，容易造成视觉臃肿。处处抢眼，就会导致视点游离不定，产生视觉疲劳以及大脑疲劳。这样，你待在客厅里很容易感到疲惫，也很难舒适地看电视，彻底放松下来。

2. 客厅里露与藏的哲学：露 2 分藏 8 分

解决这一问题，就要遵循储物设计的"2+8"原则，露 2 分藏 8 分。

好看的物品露出来，放在不经常使用的高处。

琐碎的日用品藏起来，放在经常使用的中低处。

整面电视墙只裸露 20%，其他都用柜门藏起来，隐藏的储物柜会让家里看着更加干净整洁。这里需要强调一下，透明的玻璃门不算隐藏哦。

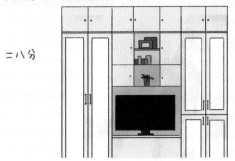

二八分

不用担心有隐藏的柜门就看不到里面的物品，容易找不到东西。其实，只需要在收纳过程中规划好每个区域放置什么品类的物品，把它固定好，这样每个物品都有属于自己的"家"，你就不用担心找不到物品了。

3. 公共区域里要放一些公共物品，每个人需要有自己的小空间

每个家庭成员都有属于自己的小件物品，即每天随手要用到的以及下班回家随手要放置的物品，所以给每个家庭成员都预留一个小抽屉或者收纳盒，自己的东西记得归位，就不用每天担心东西被家人弄丢了。

4. 茶几上放个托盘，放置小件物品

茶几上随手乱放遥控器、指甲剪、打火机、钥匙、戒指、耳环、手表等物品，应该怎么解决呢？

推荐一个茶几收纳神器,那就是托盘啦。无论什么物件,都可以放在托盘里面,保证茶几上除了托盘里面有物品外,其他地方都干干净净的。去试一下,绝对管用!尽量购买带绒的托盘,因为戒指、手表等物品容易被刮花。

什么?你说带绒的容易落灰?用粘毛器滚一下就搞定了。卞老师又不是神仙,懒癌晚期的,治不了啊!

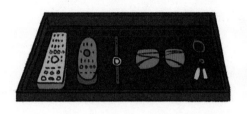

5. 茶具的整理方式和待客之道

关于茶具的摆放,很多家庭都出现了各种问题。比如,我家的装修风格与中式风格相差十万八千里,所以摆个茶台跟总体装修实在不搭,我选择的方式是将茶台放进收纳柜里,来客人时再拿出来。虽然有些麻烦,但对于客厅的整体风格来说,还是挺好的。

当然,如果你家客厅足够大,有位置安放大茶台,那一定要记得经常洗茶台上的茶具,上面有茶渍就会很丑哦。也要记得将用完的茶叶收起来,保持台面整洁干净。

6. 零食架的整理方式

你家客厅有零食吗？我见过很多家庭都会在客厅放置零食，一般是放在茶几下面或者旁边，更有甚者直接把零食铺满茶几。我们要学会利用空间整理的方式来控制物品的数量，比如喜欢吃零食的宝宝们，可以购买一个零食小推车，车子空了就补给，满了就暂时不要再买了，这样就会避免零食过期、囤积等现象出现。

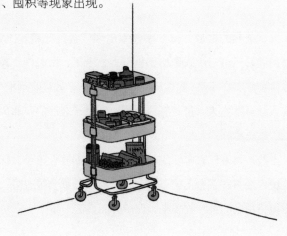

如何培养全家人的公共空间意识

公共空间除了要整洁有序外，还要让每个家庭成员都感觉到自在、开心，要求同存异。接下来我们就说说如何培养全家人的公共空间意识。

1. 公共空间是"一地鸡毛"的主战场，乱放物品会引发负面情绪

每个人都有义务和责任维护家庭环境。如果每个家庭成员的物品都乱放，就会快速导致公共区域凌乱，整个客厅放眼望去都是堆积的物品，这会让每个成员都非常烦躁不安，甚至脾气暴躁，引发负面情绪，说出抱怨的话语，最终发生争吵。

想想你刚收拾好客厅，老公就把吃完的苹果核放在茶几

上，或者顺手就把袜子扔到了沙发上，你会不会很火大？

然而，整洁的空间环境就会减少以上这些负面情绪。你知道吗，整洁的家庭环境是会传染的，它不仅会改善家人的关系，还会使孩子养成良好的生活习惯。

2. 用空间划定边界，建立公共空间的整理规则

每个家庭成员都需要有自己的空间，每个家庭也都要划定每个成员的边界。

（1）划分个人区域与公共区域。

如果你暂时不愿改变生活习惯，不要紧，你可以在自己的卧室（个人空间）里过自己喜欢的生活，但不要越界，一定不要在家庭公共区域中"展现"自己的坏毛病。

（2）公共区域的东西用完要放回原处，自己的物品用完要收入自己的房间。

家庭中的每个成员，无论是谁，都应该遵守"不冒犯"别人的准则，别让坏习惯消耗自己和别人之间的感情。夫妻双方在婚姻关系中太过"肆无忌惮"并不是一件好事，要有适当的界限，互相尊重。大家都知道婚姻需要经营，可是谁又懂得如何经营呢？其实就是营造一个可以平等沟通的家庭环境，搞好自己与家庭成员的关系。

（3）如果家里有一个喜欢囤积物品的老人，只要他把物品放在自己的空间里，懂得自己的边界，不影响其他家人的生活，也就没什么问题了。

毕竟每个人的成长环境和生活方式是不一样的，两代人之间一定会存在代沟。

其实，囤积物品不可怕，也不用担心老人长时间囤积物品会不好，因为只要保证除了他的房间，其他地方每天都整整齐齐、干干净净的就好。你要潜移默化地对老人的生活习惯进行改变，让他知道自己的行为会对孩子的成长造成影响。

在这里需要强调一点：用行为去影响家人，比嘴上抱怨更管用。

（4）你的行为会影响到孩子。

用你的行动来教育孩子不乱丢东西，养成良好的生活习惯，让孩子知道自己的边界，明白私人空间和公共空间是不同的。

在后面关于儿童房的篇章中，我也会提到如何教育孩子遵守在客厅里的秩序，不在客厅里乱丢玩具，主动把玩具归位，让孩子明白私人空间和公共空间的不同。

我曾经在樊登先生的朋友圈里看到这样一个故事：

一位先生在家里常常因为乱丢袜子的问题被老婆骂，两个人甚至还吵架。有一次，他回家以后就乖乖地把袜子扔到脏衣篓里去了，没想到他太太大为感动，说："你怎么了？你怎么突然有这么大的变化？"

他就很生气，跟樊登抱怨说："我平时赚那么多钱回来，给她买东西，带她去旅行，都没见过她那么感动，怎么把袜子扔进脏衣篓里了她就感动成那样了？"

樊登说："因为她看到了你的'愿意'啊！你不愿意把袜子放到该放的地方，这个'不愿意'背后藏着深深的傲慢，你觉得自己是一家之主，是经济支柱，享受一下特权怎么了，所以你的妻子就很在意啊，这样下去，日子就没法过了。"

人生最重要的就是你"愿意"，你要愿意尊重每个家人，愿意让他们更幸福。

　　我特别喜欢一个观点：好丈夫不需要帮助妻子做家务，因为丈夫是家庭的一员，做家务是理所当然、天经地义的，不存在谁帮谁，每个人都有义务为这个家庭付出。那么，通过客厅这个环境让家庭成员懂得承担责任，使全家人自由、自律、平等，这样，家庭关系才会更和谐，家里的每个人才会更愿意回家。

七、
厨房的
整理规划与收纳

你家里的味道是什么呢?

很多人是不是已经闻到了妈妈做的红烧肉的香味了?

是的，在这个篇章我将说一说家里最重要的空间——厨房;

而厨房的味道就是家的味道，也是全家人能量的"补给站"。

现在，"85后"和"90后"的厨房也开始发生变化了，他们更加热爱生活，喜欢下厨，以烹饪为乐趣，愿意为自己和家人、朋友做一顿色香味俱全的大餐，而不像上一代人只是为了饱腹。所以，他们更重视厨房的整洁与美感，毕竟唯有爱与美食不可辜负。

而餐厅更是一家人其乐融融地团聚在一起的重要空间，在这里做一顿美食，放在漂亮的餐盘里，然后动筷子开吃？不一定哦，有很多人会选择先拍个美食照片发到朋友圈里。由此可见，餐厨是展现一个人的生活品质及美好心情最重要的场所。

你是不是经常遇到以下这些问题：

1. 总是把碗盘摞得过高，取用时特别不方便。

2. 厨房里的锅具和电器太多，大小不统一，很难安放。

3. 调味品和食品堆得乱七八糟的，不知道塞在哪个角落里了，再翻出来的时候已经过期。

4. 餐厅经常是瓶瓶罐罐堆得到处都是，餐桌的覆盖率太高了。

厨房的整洁关乎下厨者的心情，也关乎美食的味道。所以，厨房的储物空间需要合理规划，按照使用的动线，取用餐具和食物的存放也需要科学规划。

厨房的空间管理

在厨房中，下厨者为大，所以要按照下厨者的习惯和动线来规划空间。

1. 规划厨房空间之前，首先要考虑全家人平时的饮食习惯。比如，喜欢吃中餐、西餐还是中西餐结合，饮食习惯不同，所需要的空间和物品就不一样。

2. 要根据家庭成员的使用习惯，对物品种类、存放位置及数量的需求来进行规划。比如，谁来使用厨房？他喜欢低头拿取调料瓶还是平视拿取调料瓶？他喜欢低头拿取碗盘还是抬头拿取碗盘？这直接决定了物品所放置的位置。

厨房碗柜的扩容方式

如果你是一个喜欢摆盘的 baby，餐布、餐巾、盘子、碗、杯子、刀叉、勺子等就是你的最爱，而盘子、碗、杯子的大小、颜色可能都不统一，不能摆放太多，因为不好取用，同时还不安全，所以放置这类物品的区域层板不宜太高，一般以 15cm 的高度为宜。如果你家里的柜体空间高于 15cm，可以考虑加一个层板来增加空间。

通常这类物品会放在吊柜内，而吊柜里一般只有两个层板。高于 15cm 的柜子，放盘子的时候最心塞。假如你有 10 个盘子，最大的一定要放在最下面，逐渐向上放小一点的盘子。但如果今天你必须用大盘子，就不得不把上面的小盘子全部拿下来，才能拿出大盘子。由于台面有限，你还要把拿下来的小盘子放回去，再开始准备炒菜。当你吃完饭洗好碗，想把大盘子放进去的时候，还得重复一遍之前的动作。

　　看完这段让你觉得身心俱疲的文字，你是不是仿佛看到了自己的影子？其实想要解决这个问题非常简单，只要将原有层板上移，在下面再加一个层板就可以啦。安装方法可以参考我的第一本书《留存道》里有关空间规划改造的内容。

上面放不常用的物品，下面放常用的物品

厨房干湿区如何分离

1. 厨房干区如何规划

　　大米、小米、薏米、饺子粉、包子粉、面包粉等各种米面都是家中必备物品，这类物品一般要远离水池，避免潮湿，要考虑收纳这类物品的容器大小并预留储物区。可以把这类物品放在远离水池的柜体下方，也可以规划在吧台下方的储物区内，还可以放置在吊柜中，这样就可以避免受潮。

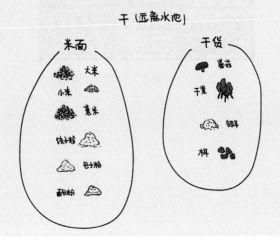

　　蘑菇、干菜、银耳、木耳等干货也是家里必不可少的食材，收纳这类物品时要用收纳篮助力，把干货袋子码放进去，同一类别的收纳在一起，拿取也方便。一般把这类物品收纳在橱柜的上方，远离潮湿区域。

2. 厨房湿区如何规划

　　厨房水槽下方一般放置不常用的锅具和各种盆，可以考虑用置物架增加空间层数，扩大储物空间。

　　这个区域一般还有一个净水机，剩下的位置就可以放置厨房清洁剂、洗洁精、垃圾袋等物品，记得一定要用收纳筐哦。

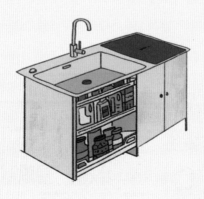

厨房物品的规划

1. 小家电如何规划

如果你在装修房子，还没有购买小家电，建议你一定要少买或者买多功能家电，比如能榨果汁的豆浆机，可以烙饼、煎鸡蛋、煎饺子、烤面包的电饼铛或者多用料理锅等。如果你已经买了各种各样的小家电，那就需要测量一下小家电的高度，根据它们的"身高"改造储物空间，高的收纳到一起放在下方，矮的放入橱柜内上方空出来的地方。建议你增加层板来扩大储物空间，这样就可以把各种各样的小家电放置在橱柜内了。

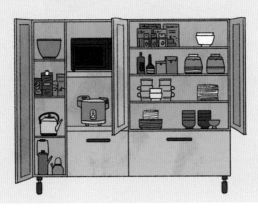

2．家用电器选购建议

破壁机：一定要选择多功能的，可以绞肉馅、做辅食、榨果汁、榨豆浆、做奶昔等，这种多功能的破壁机通常会配有多个功能杯，可以满足不同需求。

电饼铛或多用料理锅：如果你家有各式各样的平底锅，不妨换一个多功能的电饼铛试试，它可以煎饺子、烤面包、烙饼、煎蛋、烤肉等。

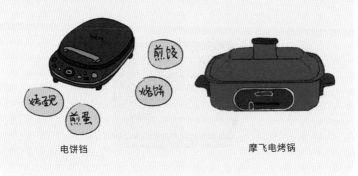

电饼铛　　　　　　　　　摩飞电烤锅

油烟机：如果平时喜欢煎炸食物，那要考虑封闭式厨房。如果一定要开放式的，一个排风量大的油烟机完全可以解决油烟问题。记住，上排烟的会更好哦。

洗碗机：懒得洗碗，就要预留洗碗机的位置。其实洗碗机并不只是专治懒病，而是一种健康时尚的生活方式，它不但能节省时间成本，还可以洗出健康，洗碗、洗水果都是不错的选择。但如果你是一个懒人，洗好的碗经常忘了拿出来放入碗柜，等再次使用时才发现洗碗机是满着的，结果就变成了另一个碗柜。如果是这样，建议你暂时不要考虑购置洗碗机了。

微波炉、烤箱、蒸箱：平时喜欢烘焙、做面点或者烧烤，就要考虑烤箱、微波炉、蒸箱这三种电器了，但是三个大体积的家电对厨房来说是一种负担，所以你可以考虑买烤、微、蒸三合一的一体机或者烤、蒸二合一的一体机，这样只需要一个空间就够了。

冰箱：购买冰箱也需要提前考虑清楚，比如，多大的冰箱，平时都放些什么。有的家庭喜欢提前冷冻春秋蔬菜，备着冬天吃，加上鸡鸭鱼肉和其他食品，这样的话，冰箱冷冻室就要足够大。如果家里有宝宝，就要有无菌的保鲜区。如果你喜欢搜集冰箱贴，那么双开门大冰箱是个不错的选择。

我的一个学生说家里冰箱已经满了，实在没办法了，就买了个双开门冰箱。新冰箱还没送到，他就来跟我学习，学完以后把单开门冰箱收拾了一下，不但干净整洁，还多出很多空间来，这才后悔多买了一个占用厨房空间的大冰箱。所以，如果你不是个资深吃货，要慎买大冰箱哦。

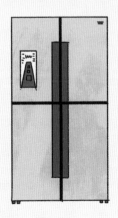

3. 锅具如何规划

规划锅具的方法跟小家电一样，如果还没有购买锅具，建议你根据家庭空间量力而行；如果已经有了很多锅具，而厨房又放不下，那就需要在厨房的角落或者储物间里开辟一个空间，定做一个储物的架子，把多余的锅具收纳整齐。

4. 杯子如何整理

（1）如果是经常使用的杯子，可以在厨房的墙体侧面增加挂钩，将这些杯子挂起来，这样可以保持杯子干燥和整洁，同时能看清楚哪个杯子在什么地方，方便拿取，也充分利用了空间。但这种方法需要经常清洗杯子哦，不建议懒人使用此方法。

（2）在台面上摆放一些实用的杯子架，增加储物空间，放置更多的杯子。可以给厨房吊柜多加几个层板，来放置自己收藏的杯子。记得把常用的杯子放在视觉黄金区域，不常用的放在最上面不好取用的地方。

（3）也可以单独购买实用的杯子架，依照大小、颜色和用途来将各种杯子放在不同的位置。这个方法适合空间足够大而杯子不多的家庭。

（4）对于有特殊意义的杯子，可以根据现有杯子的尺寸、材质、用途等做好标记，然后定制一个类似蜂巢的架子，将架子固定在墙上，方便收藏和观赏。这个方法比较适合喜欢收藏杯子的人。

5. 调味料如何规划

调味料区域的规划真的很重要，最需要考虑的因素就是谁烹饪，一定要以烹饪者的习惯来决定调味料放在架子的上方、下方还是与自己视线平行的地方。

如果你觉得橱柜下方的拉篮使用起来很方便，习惯从下往上的取用动线，那厨房的整体感觉会比较整洁。

也有不同的情况，比如，一个有着平行拿取调料习惯的人，使用台面下方调味料收纳拉篮时，就会出现每用完一个调料后直接放在台面上的情况，用几个调料，台面就多出几个瓶子来，有时候还需要弯腰取用拉篮下方的调料，这几种动作简直太麻烦了。

你可能会觉得如果按照下面右图所示，使用外置调味料收纳架，一定会有油烟。没错，只要是在厨房做饭，就会有油烟，但这个问题解决起来比较容易，你每周擦拭一次就可以了。

所以，调料区如何规划，要看你最想解决哪个问题了——是每天拿取不便，还是每周都需要清洁？以你的第一诉求来衡量，就不难选择了。

至于解决调味料区预留空间大小的问题，你首先要了解家中调味料的种类以及数量。如果你喜欢清淡口味，不会用到太多的调味品，这个区域就相应小一些；而如果你喜欢口味重、花样多，那这个区域就一定要提前放置大号调味料拉篮。那如果没有预留怎么办？可以购买调味料收纳架，扩大调味区储物空间。

6. 零食怎么收纳

　　给零食买个"车"吧，把零食装进推车置物架内，走到哪里吃到哪里，取用方便，一目了然。一定要记得吃完再添置新的。这个置物架就是你购买零食欲望的边界。

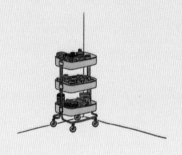

7. 厨房收纳用品的选择

　　你可以选择拉篮、带把手的储物盒、调味料架、零食推车等。

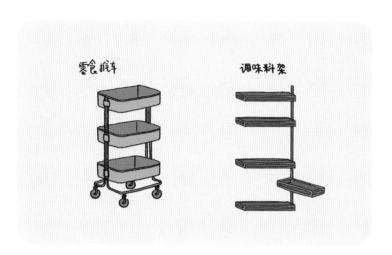

8. 厨房台面需要空无一物吗?

　　厨房台面要空无一物,这个观点我始终不太赞成。厨房是提升家庭幸福感最重要的地方,也是传递爱的地方,如果空无一物,看上去像不食人间烟火一样,就失去了家的氛围和气息。其实,整理并不是让家里空无一物,而是让我们更加幸福。

餐桌的空间规划

很多家庭的餐桌上都不是空无一物的，经常堆积着很多物品，这些物品也是家庭环境凌乱的原因之一。

来看看你家餐桌上都堆放了什么：

杯具：水壶、杯子、茶叶盒和茶具、咖啡罐。

食物：水果、零食、营养药品等。

小物件：纸巾盒、牙签盒、杯子垫、奶瓶、奶嘴、湿纸巾等。

电器：厨房小电器也悄悄到了餐厅，比如咖啡机、豆浆机等。

随手物品：报纸、眼镜、剪子等。

这样一大堆物品放在餐桌上，不乱才怪呢。

所以，我们需要有一个设计合理的餐边柜，将杂物都收纳起来，这样就可以一边用餐，一边非常方便地取用物品了。

餐厨的空间关系也非常重要

　　以前这两个空间都是隔离的，你炒菜，我等饭，各忙各的。

　　但现在，只要改变一下空间布局，就可以让餐厨面对面，使人与人之间的关系变得更近。比如：

　　1. 安装玻璃移门，家人随时都可以看到彼此。

　　2. 厨房和餐厅之间设计吧台，可以增强家人之间的互动，大家坐在一起闲聊。

还有一个小小的建议：

如果你真的很懒，不想收拾厨房，不妨尝试一下每周请小时工来清洁一次，通常价格是每小时 35 元。100 平方米的房子，每次大概需要 2 小时。哪怕只请小时工打扫 1 小时，也能让你的厨房变干净。如果你没有请小时工，这 35 元钱也不知道花到哪里去了。真正会花钱的人，会把钱花在让自己变得轻松的事情上，这样可以避免做家务时出现过多的抱怨情绪，也可以节省出更多的时间来研究美味佳肴。把节省出的时间转化为爱心，还原一个有爱有温度的家，这样也很好呀！

总之，一个干净整洁、储物功能强大的厨房可以传递爱，让我们的家更有温度。而通过空间设计，建立亲密的餐厨关系，也可以让我们的家庭更加和谐。因为啊，与家人一起用餐是家庭生活中最幸福的时光。

八、
冰箱的
整理规划与收纳

在家庭生活必备的电器里，我最喜欢的就是冰箱。

冰箱内部空间看起来非常固定、有限，

而且冰箱里的食物经常出现过期的情况，这样会占用空间，

使你取用食物时很不方便。

所以，我们需要对冰箱进行空间管理，让冰箱扩容，

以便存放更多的食物，并让食物随时保鲜。

冰箱的收纳痛点

看看你家的冰箱是不是这个样子的：

一打开冰箱，一股难闻的气味扑鼻而来；

每次拿东西都要取出一堆东西来，想找的却怎么都找不到；

拿东西的时候，会发现别的东西已经过期了；

生熟食品不分，食物交叉感染……

我相信，这是每个人都会遇到的问题。

冰箱管理的重要性

冰箱如果管理不好，会变成家中的细菌培养皿。所以，一定要做好冰箱管理，保护全家人的健康。

1. 冰箱为什么要做清洁

提起整理冰箱，大家肯定会问：冰箱需要清洁吗？多久清洁一次比较合适呢？

并不是说冰箱温度低就可以抑制细菌生长，其实，冰箱和家里其他生活区域一样，也需要清洁。你再懒，也要一个月清洁一次。

你听说过冰箱病吗？就是冰箱肺炎、冰箱胃炎、冰箱肠炎等。你家里有宝宝吗？是不是经常会莫名其妙地拉肚子？有时候，即便你吃的食物看起来很干净，还是会吃坏肚子。这很有可能是你的冰箱里有细菌，该清洁了。

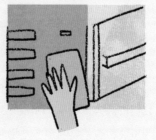

冰箱里的食物经常生熟不分，容易交叉污染。冰箱的角落和冰箱门的缝隙隐藏着很多病菌，如果不经常清理冰箱，细菌会附着在冰箱两侧以及食品的缝隙之中，食用这些食物就会对身体造成伤害。大人都会出现胃肠不适，更何况是宝宝呢。

所以，冰箱一定要定期清洁。

2. 特殊食物需要特殊管理

不同食物，收纳方法是不同的。以豆类食材为例，黄豆、绿豆每次购买定期食用的量，而且一定要放到冰箱里，因为黄豆会产生黄曲霉菌，有致癌作用。不过，黄豆需要低温贮藏，越冷的地方，这个病菌就越不易产生。所以，切记要把黄豆放到冰箱里。

3. 细菌会进化，但肠胃不会那么快升级

很多人都处在亚健康的状态，再加上空气污染，还没等自己的肠胃升级，细菌就已经进化了。所以，食物的保鲜尤为重要，我们要在源头上抑制细菌的产生。

4. 冰箱一个月就要做一次深度清洁

我们需要每个月用高温蒸洗机将冰箱的每个角落和边缘都清洗一遍，这样可以避免得冰箱病。但我不建议大家自己去购买高温蒸洗机，你可以请家政公司，每个月来做一次深度清洁。对于懒人来说，即便买了蒸洗机，也不会长期使用的，最后变成了闲置物品。当然，如果你是个勤快的宝宝，可以忽略这个建议。

5. 拒绝非食品级塑料袋进冰箱

今年的"3·15"晚会提到了垃圾塑料流向菜市场的消息，让人触目惊心。我们通常习惯性地将从市场买回来的物品直接连同塑料袋一起放入冰箱，而这些塑料袋大都是非食品级的，很多细菌已经跟随这些塑料袋进了冰箱。所以，我建议大家将食物买回来后，去掉塑料袋，然后放进冰箱里。

确保全家人的饮食健康，要从生活中的一点一滴做起。

冰箱空间管理原则

1. 管理冰箱，首先要选对收纳用品

冰箱整理其实不需要那么多收纳用品，只需要这三样即可：食品级自封袋、冰箱收纳拉篮、冰箱收纳盒，我把它们称为"冰箱三剑客"。

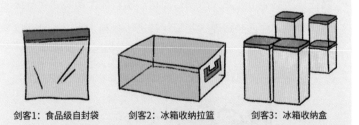

剑客1：食品级自封袋　　　剑客2：冰箱收纳拉篮　　　剑客3：冰箱收纳盒

特别提醒一下，冰箱收纳盒虽然可以使用很多年，但造价较高，你要根据自己的实际情况酌情购买。或者，你可以用食品级自封袋代替它，而自封袋的性价比非常高。

2. 食物为什么要分装

很多人会觉得，都是食品，为什么还要花时间去分装呢？
实在太麻烦。举个小例子，比如你买了一块肉，放在冰箱里
面冻起来，当你想吃的时候，你肯定把整块肉拿出来，全部
化好了以后，切一部分用来炒菜，再把剩下的包好放进冰箱
里。第二次、第三次依旧如此。这一番操作，剩余的肉很可
能就已经坏了。反复解冻很容易引起肉类变质，所以要把买
好的肉分装好，需要时只拿一块就可以了，其他的肉也不会
变质。我们就是要用这种不将就的生活态度来提高家人的幸
福感，确保家人的饮食健康。

3. 用冰箱的空间控制物品的数量

很多人的冰箱里被食物
塞得满满的，经常吃不完，
甚至会忘记冰箱深处食物的
存在，这就容易导致食品过
期且浪费。其实，做好冰箱
管理，利用冰箱有限的空间，
可以帮助大家控制购买食品
的数量。

冰箱食物如何分装

在做冰箱空间管理之前，首先我们要了解一下食物应该怎样存放，尤其是新买的食物。

1. 用冰箱收纳盒分装食物

我们以大葱、肉、带鱼、鲜虾为例，来告诉大家如何用冰箱收纳盒来收纳食物。

（1）用冰箱收纳盒放葱

大葱很长，很难整根存放，而且室温下比较容易坏，所以我们要把大葱放在冰箱里。

大葱味道很大，而且整根很长，但我们也是有方法存放的。把葱的外皮剥掉，按照冰箱收纳盒的高度，用剪刀把大葱分段剪好放进收纳盒里，封上盖子，也不会串味。

（2）用冰箱收纳盒分装肉

肉一定要分装，否则解冻完再放进冰箱，来回折腾，会滋生细菌。那么，如何分装肉呢？拿一把刀，按照盒子的大小，把肉切开放进去，把盖子盖上放入冰箱。当你需要炒菜时，根据需要的量拿出来解冻。是不是很方便？但是一定要记住，盒内的肉吃完后，要把盒子清洗一下，再把它收纳起来。如果家里没有冰箱收纳盒，也可以考虑使用食品级收纳袋分装。

速冻类　　　肉类

（3）用冰箱收纳盒放置带鱼、鲜虾等食物

冰箱收纳盒有深浅之分，深一点的很适合分装鲜虾，而浅一点的非常合适分装带鱼。

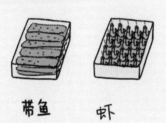

带鱼　　虾

2. 用食品级的收纳袋分装食物

拿一只鸡来举例：

（1）分装鸡胸肉。把鸡胸肉剔出来，放进收纳袋里，用的时候直接取出来。

（2）分装鸡腿。

（3）分装鸡翅。

（4）分装鸡架。

这样，一整只鸡就分装好了，你可以非常轻松地放进冰箱里。

食品级收纳袋的好处是健康环保，把它放在冰箱里冷冻起来，不会和肉粘连在一起，袋子之间也不会粘连，清洗冰箱的时候更容易、更方便。那么，食品级收纳袋适合装哪些食物呢？肉类，如鸡肉、鱼肉等；火锅配料类，如虾丸、鱼丸等；蔬菜，如有味道的香菜、芹菜等，这样分装不会串味。

冰箱内部空间规划

整理好的冰箱，会干净很多，也可以腾出很多空间来。那具体应该怎么做呢？我们来一一了解一下。

1. 冰箱冷藏室最上层

最上层可装酸奶、饮料、面包、鸡蛋、牛奶。其实，面包通常不适宜放在冰箱里，但如果天气特别热又吃不完，就要放入冰箱内。

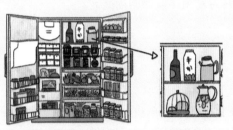

2. 冰箱冷藏室中层

中层偏上的位置可以放一些酱料、罐装酱菜等，中层偏下的位置就可以放我们最喜欢吃的零食、水果，用透明拉篮来分装，取用方便。说到拉篮，它的好处就在于，可以将最里面的东西拉出来直接取用。小拉篮可以放调味料和酱菜，大拉篮呢，可以直接放水果和蔬菜。但我还是建议大家一定不要囤积，最好是现买现吃，这样最健康。

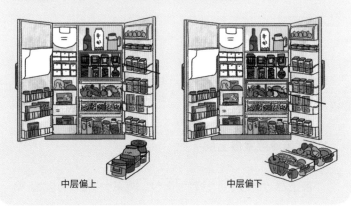

中层偏上　　　　　　　　　　中层偏下

3. 冰箱冷藏室下层透明抽屉区

　　一些有味道的蔬菜或者带根茎的蔬菜需要分装收纳在冰箱冷藏室下层透明抽屉区里。

　　芹菜、香菜、韭菜的味道会影响整个冰箱，所以用塑封袋封好。芹菜比较长，可以切成小段，再用塑料袋进行分装。

　　小白菜、胡萝卜、小油菜等根茎上或多或少会带有泥土，这类青菜清洗后容易腐烂，不清洗又无法直接放进冰箱，所以需要用大号塑封袋将它们分装收纳进冰箱。

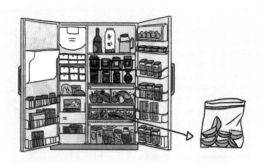

4.冰箱冷冻区上层

冷冻区存放分装好的肉、海鲜、肉馅、排骨、速冻
食物等。

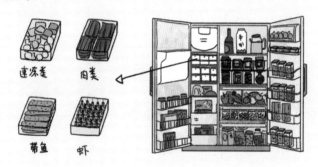

5.冰箱冷冻区中下层

这里面可以放鱼丸、肉丸、蟹肉棒等再加工食品,
还有羊肉卷等。看到这里,是不是想吃火锅了?

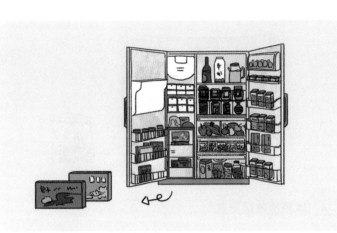

6. 冰箱门

我们再来说说冰箱门的空间，可以把鲜虾皮、枸杞、野生蘑菇、小米、黄豆、绿豆等食物放在这里。

但要注意，冰箱门的位置不要放饮料、啤酒等饮品，特别是有小朋友的家庭。如果孩子开门时用力过猛，饮品容易被晃出来砸伤孩子。

冰箱使用禁忌

1. 热的食物一定不能放在冰箱里面。

2. 冰箱一定不能放得太满。

3. 生熟食物要分开存放。

4. 鲜肉、鲜鱼要处理后再放入冰箱，不然血水在冰箱里面会对其他食物造成污染。

冰箱里面的肉类、鱼类一定要尽快吃完。有很多人认为只要冷冻了，存放多久都没有问题，是不会过期的。其实，这个想法是错的。正常来讲，鱼肉冷冻 1—2 年也不会变质，但前提是放在恒温的冷冻室里面。可是我们的冰箱没有这样的环境，因为断电、停电，甚至我们打开冰箱门都会让冰箱里的温度发生变化。大家尽量在三个月之内吃掉这类食物，如果三个月之内没吃完，那下次一定不要再囤那么多食物了！

5. 不要把饮料放到冷冻室里，容易爆裂。

6. 拒绝非食品级塑料袋进冰箱。

其实，这样整理一下，不但可以让冰箱更美观，还可以一下子腾出很多空间。这样的话，你就不用担心食物过期了，也不用担心家人的饮食健康问题了。

病从口入，所以我们要用自己的行动"封口"。相信每天打开这样的冰箱，你和家人的心情一定是美美的。

好了，赶紧把你家的冰箱好好收拾一遍吧！

九、
书房的
整理规划与收纳

书房对于大多数家庭来讲可能不是一个独立的房间。

如果条件允许的话，能拥有一个独立的书房，是一件多么幸福的事啊！

在这个空间里，你可以独处、沉思，只做自己感兴趣的事，

暂时脱离作为父亲、母亲、子女或是社会人的角色，只做自己。

在复杂的成人世界待得太久了，偶尔回归，稍作休憩，再次回到现实中，

才能更好地扮演好每个角色。

你家书柜的状况

1. 家里从装修开始就没考虑专门收纳书的空间

在现在这样一个电子化为王的环境下，书本渐渐被遗忘了，书房也不再是家庭空间规划当中必要的一个空间，所以在很多家庭里，书本被随性地散落在各个角落，比如茶几、电视柜、餐桌、卧室的床头柜上，甚至孩子的书桌和玩具柜里。因为家里从装修开始就没考虑过要有放书的地方。

有书柜的家庭也存在着问题，比如，书柜的深度通常为30—35cm，而普通A4纸的宽度仅21cm，书柜层板在放了一层书后，外延还空出9—14cm的空间，就会摆放一些装饰品，久而久之，这个地方就成了杂物堆。书柜层板间距太高，放了一层书后，上面空出大半截，最终也变成了堆积杂物的"好地方"，每次想要看书时，还得先清理这堆杂物才能拿到书。

要么没有专门收纳书的空间，要么这个空间的尺寸不合理，造成空间浪费，并制造出堆积杂物的条件。你家是不是也有这样的问题呢？

2. 没有独立书房怎么办

我们前面提到过各个区域的空间管理和物品收纳的关系，根据使用习惯选择一块相对大的区域，集中收纳同类物品。有书房的家庭，书房就是这个所谓的一块大区域。在书房里，我们还需要再次划分书柜的区域，比如把独立的一整面墙做成书柜；如果藏书很多的话，可以用两面墙把书柜做成"L形"或"二字形"的；再多的话，还可以用三面墙做成"U形"的。当然，能达到这个藏书量级别的人是非常少的，我的印象中应该是满头白发的老学者。大家有没有觉得"一字形""二字形""L形""U形"很耳熟？对了，在前面的衣橱篇章中我也提到过这几种设计模式。大家有没有发现，这些柜子外形都一样，只是改变了内部格局，变成了适合收纳书籍的格局。

没有书房的话，可以选择在客厅电视背景墙、卧室飘窗，或者某个你认为合适的墙上做柜子，让收纳与装饰兼具。总之，就是要在你居住的空间里给书选好一块"地"，再在这块"地"上建一个适合书居住的"房子"。那么，这个"房子"是做成"悬挂式""嵌入式"还是"独立式"的，就要根据你的藏书量和选择的"地皮"大小来决定了。

3. 书柜的几种形式

（1）悬挂式

　　悬挂式书柜就是利用工具将木质的书柜格子或者层板固定在墙上，这种方式对家庭现有的条件没有要求，一般家庭都可以轻松实现。你可以选择一块墙面，根据实际情况购买书柜格子或层板安装即可。

（2）嵌入式

　　顾名思义，就是将书柜镶嵌进凹面的墙体里。和独立式书柜的区别是，它并不设后背板，这种方式有效地利用了凹面的墙体空间。但是对于现有家庭空间来讲，改造工程量大，所以采用的人比较少。

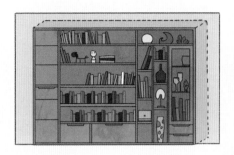

（3）独立式

独立式书柜在大多数家庭中最常见。一般书房中独立式的书柜居多，可以做成上面我们说的"一字形""二字形""L形""U形"。而且这种方式对于现有家庭也适用，同样是选择一块区域，在该区域内增加一个大小合适的独立书柜就可以了。

当然，也可以将原有的空间进行改造，或重新设计成书柜；或者增加可移动的书柜，将常看的书放在移动书柜里，方便带到任何一个你想看书的空间里。

书柜的空间格局与规划

以上我们主要讲的是书柜在家中位置的规划，接下来我们看看书柜的空间格局与规划，也就是书柜的设计、层板间距和深度分别是多少，是否能做到不浪费空间，兼具储藏功能，又不会创造出堆积杂物的条件。

1. 书柜是全开放的好，还是带柜门的好？

如果是定制的独立书柜，建议有藏有露，上露下藏，上面展示书，下面做成带柜门的柜体，可以收纳一些其他杂物，或者是收纳有收藏价值又不能经常暴露在外的书籍，因为纸张氧化容易发黄。

2. 露的部分要不要做玻璃柜门呢？

现在崇尚的简易装修风格，书柜很少做柜门，这样比较方便取用。但是，对于真正的藏书爱好者以及非常怜惜自己书籍的人来说，如果条件允许，空间足够，而且书柜风格也适合做柜门的话，还是建议做一个。我们可以看到偏古典装修风格的书柜都会做柜门，显得更加典雅与端庄。所以，做不做柜门，要根据自家装修风格和自己的使用习惯来决定。

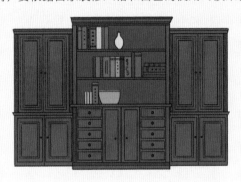

3. 书柜的尺寸

最省空间的书柜尺寸：

上方深度 25cm、高度 30—35cm，下方深度 40cm、高度 40cm。

上方：收纳杂志、普通书籍、文件夹等适合陈列摆放的物品。放普通大小的书籍会有近 10cm 的空余，放杂志、文件夹或 A4 纸大小的书籍会有 1—4cm 的空余。

下方：婚纱照、A4 纸、各种票据、各类电子产品和各类需要放在书房里的小杂物，大小不一，不适合陈列出来，但也需要空间收纳，所以给书柜下方设计高 40cm、深 40cm 的空间，刚好能收纳它们。

我们来看看层板间距：

层板间距 30cm，适合放普通大小的书籍。

层板间距 35cm，适合放杂志、文件夹和 A4 纸大小的书籍。

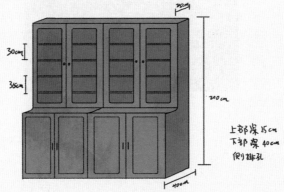

市面上成品书柜的常规尺寸：深度为 30cm（不建议选择），层板间距为 35—40cm。

层板间距 35cm 的书柜，基本可以放下大部分书籍，为了省事一点，每个区域可以统一做成这个高度。如果喜欢宽松一点，比较豪华大气的装修风格的话，可以选择这一种。

如果是定制的书柜，不喜欢空余太多的话，可以将层板间距设置为 30cm，并设计成 30cm 和 35cm 两种高度，这样既增加了书柜设计动感，又最省空间。

书籍的整理收纳

我们一直提倡先做空间规划，后做整理收纳。前面我一直给大家讲的是书柜在家中位置的规划，还有书柜内部的规划。到这里，规划我们都做好了，接下来可以对书籍进行整理收纳了。

1. 书籍分类

整理收纳第一步：分类。

大家可以回忆一下前面的内容，我是不是一到这个环节就开始分类了？衣服分类、冰箱里的食材分类，分类完之后再放到专属于它们的空间里。其实，书籍也一样，我们先要对它进行分类。

如果是藏书级别的大师，一般可以按照国家图书馆的级别来分类。而在此，我主要讲一下普通家庭的书籍分类：

A. 哲学、宗教类

B. 政治、法律类

C. 经济、金融类

D. 文化、科学类

E. 语言、文字类

F. 医学、养生类

G. 散文、诗歌类

H. 励志类

I. 人物传记类

J. 小说类（言情、武侠、职场等）

K. 旅游类

L. 杂志类

M. 时尚类（时装、穿搭、美妆等）

N. 兴趣爱好类（摄影、烘焙、手工、书法、绘画、音乐等）

O. 职场类

P. 碟片类

哲学·宗教类   杂志类   散文·诗歌类   碟片类

你还可以根据这些大类进行细分，比如按书的颜色、出版社等自己喜欢的类别进行分类，做到你想看哪本书，很快就可以找到。分好类之后，再给每个类别的书选择一个位置摆放。

2. 书籍摆放规则

（1）喜欢和希望提醒自己阅读的书籍应摆放在自己的视线黄金区域，这样，每次来到书柜旁边，就能很轻松地看到自己想看的书籍，而且很容易拿到。当然，如果你家的书籍主要起摆设作用的话，那么这个位置就可以放一些精装的书籍，一眼望去，就能看到这堆包装很好看的书。

（2）不常看但相对比较轻的书籍可以摆放在较高的位置，即你的手伸直或抬起来也很难够到，需要借助梯子或凳子才可以够到的地方。比如，那些有年代的书籍，有些纸张都已经氧化发黄变轻了，你可以选择把它们放在最上面。当然，最上面还可以放一些摆件、装饰品。

（3）不常看但偶尔会用到的比较厚重的书籍，比如政治、法律、哲学、宗教类的书以及字典，放在偏下面一点的位置，就是你要低头或者蹲下去才能拿到的位置。

（4）前面提到过的藏书类，比如整套精装版、纪念版的书籍，或是市面上不会再出现的书籍，可以放在书柜的最上方收藏起来。

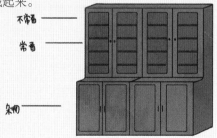

3. 书柜隐藏区收纳什么物品？

（1）一些作品，比如字画、卷轴等。

（2）家中各种电器说明书、饰品证书、个人证书、保险合同、证券合同、体检报告、户口本、房产证、物业费及水电费收据等。当然，对于警惕性很高的人来讲，房产证、证券合同这类比较重要的证件放在保险柜或者带锁的抽屉会更安全。其他的凭证可以归类，用文件袋装好，并贴好标签，放在这里。比如：

饰品证书大小不一，很难像书籍一样插放，那么就可以借用文件袋或者收纳盒进行归类，贴好标签，在上面写上"包包证书""宝石证书"等类似的分类名称。

保险合同、体检报告等，可以像书籍一样插放。你可以购买办公室收纳文件用的那种收纳盒，一个隔断就是一个分类，找起来也方便。体检报告一般可以存留3年，超过3年的可以处理掉。除非家中有重病患者，可以存留3—5年甚至更长的时间。存留得越多，医生越容易了解患者的病史和过往的治疗情况，从而做出判断。

物业费、水电费等收据都是纸张的，可以用文件袋收纳，存留半年或一年，便于统计家庭基本生活支出。家庭财务，也需要像公司财务一样来经营，你要掌握家庭每月基本生活成本，每月钱来钱去的基本情况，这样就不会无限制、没有预算地去花费了。

当你把家里的空间都管理好了，也能把家庭的财务管理好。

特别要说的是，有的人家里有好几套房子，最好把一个房本的所有资料放入一个文件袋里，而不是把几套房的资料都放在一起。分类好后，在文件外面贴上标签，注明是哪套房子，这样找起来非常方便。因为文件类物品不同于其他物品，你要打开后才知道里面的内容，所以贴标签是最省事且有必要的。

（3）爱好摄影的小伙伴，也可以把书柜作为收纳摄影器材的地方。至于怎么收纳，还是我们前面学到的那样，先用收纳盒或收纳篮分类装好，再放到柜子里。

书柜是你的精神领地与独立空间

1. 书柜大小就是你购买书籍的边界

    喜欢阅读是好事，但是再喜欢买书，也不能超出你家书柜的边界。书已经放不下了，再买的话，就要从旧书中选出一些送人。其实现在很多人喜欢买书，但买来不一定会看。因为拥有之后的感觉就好像已经看过了一样，买来翻几页后便将其束之高阁。

    在现在这个资源富足的社会里，不一定要拥有，更重要的是共享。记得小时候同学之间喜欢借书，一本书好多人排着队轮流借去看，所以我们一借到书便会抓紧时间看完，好借给下一位。但是拥有了之后，反而没有这种阅读的紧迫感了，潜意识会告诉我这本书是我的，我什么时候想看都可以看，但是这个"什么时候"最后却变成了猴年马月。

书籍，就像人的思维一样，不是去占有的，而是去分享和交流的。

2. 儿童和大人的书籍要分开

儿童和大人的书籍要分开。小孩的东西应该放在一个属于自己的独立空间里，他的书籍也是一样，应该有一个专属于他的书柜。如果家里空间没有这么大，不得已和大人的书籍放在一起，也是需要划分领域的。你可以考虑将书房其中一个柜子留给孩子。儿童绘本大大小小高矮不一，可以收纳在下方储物区，满足孩子取用高度的同时还可以避免视觉凌乱。书柜上方放置儿童玩具或同一尺寸的书籍。如果选择这样收纳，那么大人的物品就不能放在这个区域里。家里有条件的话，就给小孩创造一个独立的空间。如果没有条件，也可以在共享的客厅或阳台等区域辟出一个专属于孩子的领地。让小朋友从小懂得共享区域与自己的边界，既懂得分享和遵守共享区域的公约，又能保护好自己的边界，做一个懂规则、有原则、不越界、有底线的人。至于儿童书籍分类内容，可参考儿童房篇章中的内容。

3. 千万不要失去阅读的乐趣

你的书柜就是你的知识结构，你读过的书就是你过往知识的积累，也是你的思维；你还没有读过的书就是你未来的知识兴趣和需求，它们都等着你去探索呢。

现在以视频为王，从视觉、听觉来刺激我们的感官，可以把很难用文字表达的信息非常形象地传递给我们，这也是大家热衷于看视频的原因。但正因为视频太具体和形象了，它会让人们失去想象空间，特别是对于孩子来讲，看太多电视，会影响他们对于世界的想象和语言表达的能力。而书籍中的文字表达是抽象的，一千个人、一万个人看同一段文字，可以想象出一千个、一万个画面。所以，在视频为王的当下，我们也不要失去阅读的乐趣。

十、
儿童房的
整理规划与收纳

儿童房是孩子释放天性、快乐成长的独立小世界，
孩子休息、玩游戏、玩玩具、看书学习都在这里，
它是孩子不断长大所需的重要空间。
儿童房不单单是放置床、衣橱、玩具储存柜、书桌书橱等这些家具的地方，
更为孩子提供了一个有序又有趣的空间，
承载了孩子美好的童年时光。

有娃的家庭通常会有这样的痛点

1. 到处都是母婴用品、小物件、各种玩具、零食，时时跟在孩子身后收拾烂摊子。

2. 妈妈根本没时间和精力去收拾，家里每天都会乱。

3. 大人和孩子的物品混杂在一起。

4. 孩子会随时"毁掉"妈妈的整理成果。

为什么会出现这种情况呢？我们来具体分析一下。

儿童房里除了儿童床、衣橱、书桌之外，最多的就是孩子的玩具。玩具和孩子的其他物品是家庭空间杂乱的源头之一，但太多的家庭并没有给孩子准备一个玩具储存柜。

实际上，你要思考一下，你是在用大人的视角看待这个问题，还是用孩子的视角看待这个问题呢？

换位思考一下，妈妈有大大的衣橱去放自己喜欢的衣服，爸爸有大大的书柜去放自己喜欢的书，我这个宝宝却只有几个塑料箱子装玩具，所以——

1. 我玩的时候只能丢得四处都是。

2. 不玩的时候，都丢在箱子里。等我想找什么玩具的时候，却特别不好找，甚至忘了它的存在。

3. 找不到，我就想买新的玩具。

爸爸妈妈，这是不是跟你们在家里找不到喜欢的东西后，去冲动购物时的心情一样呢？

很多家庭都没有完整的收纳柜，基本都是用收纳筐、收纳箱来放置玩具。就像你把自己的衣服放在柜子里，孩子的玩具也需要有独立的空间去储存。其实，这与物品大小无关，而与家长赋予孩子的仪式感和成就感有关。

因此，一个合理的儿童房应该有学习区、生活储物区、睡眠区、玩具展示区、玩具储存区等。

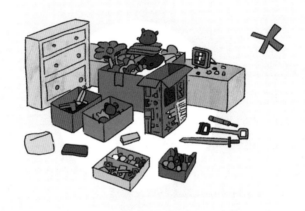

玩具是孩子成长过程中最重要的伙伴，也是家长在整理时最头疼的物品。下面我们来重点讲讲怎么整理和存放孩子的玩具，释放家庭的其他储物空间，给孩子创造一个属于自己的储物空间。

采买儿童玩具收纳柜

我们需要给孩子一个属于自己的储物空间存放玩具，这样孩子就不会四处乱放玩具，大人和孩子的物品也不会混杂在一起。同时，我们也要给孩子制定玩玩具的规则，并且培养他的惜物意识和整理能力。

我们要采买一个和孩子身高差不多的可以自由拼接的柜子，这样孩子可以轻松取用玩具，随着自己不断长高改变柜形。定制的玩具柜，里面的层板要打排孔，可上下移动，因为每个玩具大小不一，需要经常调整层板的位置。

规划儿童玩具收纳区

　　首先要了解儿童房玩具收纳区的储物空间是否够大，玩具有没有散落在家中的各个区域，然后再解决这两个问题：

　　第一，设置足够大的玩具收纳空间；

　　第二，将玩具集中在同一个区域进行陈列。

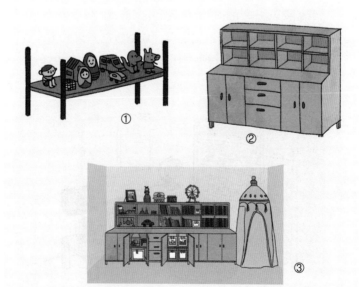

儿童房玩具柜的设计

玩具柜应该分为上下两层：

上方为陈列区，陈列孩子最喜欢的玩具或书籍。

下方为储物区，利用收纳篮将玩具分类后收纳在这一区域。

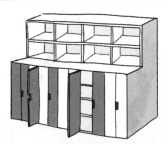

选择儿童收纳篮时要注意收纳篮的材质，需环保、轻便、可视。

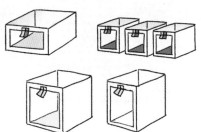

儿童玩具分类陈列

　　玩具需要分类陈列，陈列以后就有了仪式感，孩子在玩玩具的时候也觉得玩具变得更加有意义了。否则，所有玩具都在储物箱里躺着，孩子毫无想玩的兴趣，也毫无品质感，孩子自然就不珍惜。

　　陈列玩具的时候一定要记住，蹲下来，以孩子的视角去陈列，方便他取用。

常见的儿童玩具的分类：毛绒类、乐高类、汽车类、益智类、运动类、音乐类、养成类、芭比类以及其他。

常见的儿童书籍的分类：科学类、普及类、绘本类、贴纸类、绘画类、卡片类、音乐类以及其他。

如何培养孩子玩玩具及收纳玩具

1. 孩子经常要玩具，家长该不该满足

　　记得小时候，每次经过杂货店时妈妈都会带我进去买点小东西，而我呢，得寸进尺，每次都可怜巴巴地看着妈妈，想要博取她的同情，再给我买个玩具。有一天，妈妈对我说她没带钱，我信了，然后接下来的很多天她都不带钱，我每次走到杂货店前就会问妈妈："妈妈是不是又没带钱？"偶尔妈妈也有心软的时候，说带钱了，就带我进去买一个。

　　相信很多"80后"都经历过类似的场景，都是这么长大的。而现在"80后"也做了家长，有的人秉承了父母溺爱孩子的风格，有的人学会了和父母一样说善意的谎言，也有的人直接用暴力解决问题，孩子哭闹就上手打……

　　为什么别人家的都是乖宝宝，自己家的就是熊孩子？其实熊孩子跟乖宝宝之间的距离并不大，关键看家长如何引导。

　　买玩具是每个孩子都喜欢的事情，也是那个年龄该做的事情，那么，我们家长应该如何控制孩子经常要买玩具的欲求呢？

　　首先要知道孩子为什么要买玩具。新鲜？喜新厌旧？看别人有，自己也想要？原来的玩具旧了，想买新的？没理由，就是想买？

　　孩子要买玩具，终究会有一个理由，可能他表达不清楚，也可能他不愿意表达。这时候考验的是家长的智慧，家长必须控制孩子购买玩具的欲求。家长拒绝给孩子买玩具，表面上看是因为花钱太多，玩具太多家里放不下，管不住孩子而懊恼不想买。实际上，我们应该培养孩子的"惜物"意识，要让他们知道，只有懂得珍惜物品，长大后才能珍惜生活，才会懂得感恩。

2. 如何利用收纳空间来控制玩具的数量，让孩子从中懂得接纳和拒绝

培养孩子的"惜物"意识，抱怨和谎言是解决不了根本问题的，家长还要帮助孩子控制自己的欲望。

简单点说，就是将儿童房的空间合理地规划为学习区、玩具展示区、玩具储存区等，最大化地利用空间，以满足当下及未来玩具的储存需求。

具体做法如下：

（1）陈列储存

当孩子的玩具完全填满玩具储存区和玩具展示区以后，坚决杜绝在其他位置堆放玩具，如占用学习区，或者家长另辟蹊径放在其他地方。很多小孩长大以后逐渐凸显的坏习惯其实都是小时候家长纵容的结果，家长一味纵容孩子逾越不该逾越的底线。

可以让孩子挑选自己最喜欢、最想要陈列出来的玩具放在玩具展示区内，锻炼孩子的选择能力。

（2）制定玩具存放规则

当玩具收纳区已被玩具填满而孩子却还想要玩具的时候，家长应该对孩子做出正确的引导。比如，玩具的"家"已经满了，如果想再买一个玩具，就要淘汰一个同类别的玩具。如果孩子愿意舍弃旧物换成新物，家长要尊重孩子的选择，并提醒孩子，如果有一天他后悔了，也不能再买同样的玩具。大人都体会过后悔的感觉，这种感觉清楚地告诉了大人什么是责任，所以也应该让小孩尝一尝。小时候品尝过，长大后做抉择时就会既谨慎又果敢。

家长应该和孩子平等沟通，同时，要自己把物品归位，用行动给孩子做好榜样，这样孩子才会形成正确的观念和习惯。

（3）建立孩子对私人空间和公共空间的边界感

如果孩子不愿意舍弃原有的玩具，一定要买新玩具，那家长要引导孩子，告诉他同类别的玩具已经在储存区放满了，而其他空间是不能放玩具的。家里的每个人都有独立的空间，每个人都是独立的个体，无论大人还是小孩都是公平的，有些界限是不能逾越的。当然，你可以借我的空间玩耍，但我不会让你囤积玩具。你要让孩子明白做事要有原则，什么可以做，什么不可以做，让他懂得接纳和拒绝。

3. 培养孩子独立收纳玩具的好习惯

现在的家长经常会说一句话：我们小时候就是这么过来的，怎么现在的孩子这么不听话？或许我们会想，小时候我们的家长都没有考虑过这么多，为什么现在养个孩子要想这么多？在"80后"的印象中，童年时家长基本都是要上班的，所以都是散养孩子。那时候我们出去玩儿不怕被拐卖，玩具也少，就在街上玩玻璃球、丢沙包、跳皮筋，甚至爬墙上树，弄得跟泥孩儿一样。那时候的孩子正因为是散养的，所以相对比较独立。现在不同了，社会在发展，消费在升级，我们总想给孩子更好的，所以对孩子管束得就更严，要求也更高。

现在，很多孩子玩完玩具后，空间里变得一片狼藉，家长通常有以下几种表现：

● 纵容型

阿姨，收一下玩具。宝宝走，妈妈带你去别处。

● **溺爱型**

放那儿吧，一会儿妈妈收。

● **抱怨型**

以后再也不给你买玩具了，让你再到处乱扔。

请问，你是哪一种类型呢？

小时候学走路时，家长会鼓励我们，"再走几步，没事儿，自己来，真棒"；上学以后，老师教我们写字时会说，"横这样写，捺要长一点，字不能出田字格"；上班以后，领导告诉我们，"这个表格要这样做，那个报表这里有问题"……凡事都要有人教，整理收纳的好习惯也一样，没有人天生就会这些。虽然我们的父母不怎么懂得整理收纳，但是作为新一代的父母，我们一定要教孩子怎么整理收纳玩具，为什么要这样做，让他们从小养成好习惯。

养成好习惯看似是比较难的事情，但也是在一点一滴的成长过程中慢慢实现的。其实，最好的老师是家长，所以我们要重新审视自己的生活方式是否给孩子造成了不好的影响。

以上全部做到了，我们就可以通过玩玩具来培养孩子的专注力了。我们应该保证最多只有三种玩具放在孩子的眼前。如果是1岁以下的孩子，不会讲话，就是乱丢玩具怎么办？那家长需要主动拿几个玩具放回到原来的位置上，确保孩子面前最多只出现三种玩具。1岁以后会说一些简单的话，我们就可以跟宝宝对话了，告诉他先玩眼前的这几个，等他想要别的玩具的时候再去拿，拿新玩具的前提是要将一个玩过的玩具放回去。这样养成了习惯之后，就不会出现孩子把玩具丢得房间里到处都是的情况了。

有的家长觉得这样太麻烦，还是给一堆玩具让他玩儿吧，这样就会让我很省心……好吧，鱼和熊掌不可兼得，用自己的省心换来孩子长大以后的各种坏习惯，你觉得值得吗？

4. 每个家庭成员都有自己的空间，应该懂得欲望的边界

　　家长要引导孩子赋予玩具生命，要让孩子与玩具互动，教他们珍惜玩具。很多孩子喜欢到客厅玩玩具，玩完的玩具往地上一丢就走了，家长就跟在孩子身后收拾。我建议你给孩子设定一个环境，告诉他每个家庭成员的区域在哪里，每个成员都应该有边界，而客厅是家庭的公共区域，小朋友要到客厅来玩，就要征得家长的同意；玩完的玩具要放回自己的房间或者玩具储存柜，不能占用公共区域。客厅就好比公园，如果他带着玩具去公园，没有拿回来，那就视为舍弃了。所以，要让孩子懂得自己的边界与底线。

　　其实很多家长都已经率先越界了。我见到很多妈妈把自己的衣服塞进了孩子的衣橱，老人把杂物堆积到家庭公共区域，而家里的成员也都不主动维护，就这样，全家人的边界变得越来越模糊了。而孩子呢？长大以后不知道什么该做什么不该做，也不知道自己想要什么，缺乏安全感，当别人触及自己底线的时候也不自知，甚至不懂得说"No"。没错，就是家长不良的生活习惯造成了孩子难以明辨是非。

　　人性的边界、欲望的边界其实从简单的生活中就能领悟到。所以，我们要给孩子创造一个界限明确的空间，一个有秩序的家，让孩子在成长中懂得自己与他人的边界，勇敢地向自己不喜欢的事情说"No"。

5. 孩子玩玩具的时候不听话，如何与孩子沟通

通过以上内容，你是否对儿童房规划这件事有了更加深刻的认识？

其实，很多家长仅仅考虑到自己打扫是否方便，他们觉得，孩子吵闹时，买个玩具就解决问题了；正因为我乱放东西，所以才要求孩子不许学习我的坏习惯……然而，他们却忽略了自己才是孩子最好的老师，他们的行为习惯会影响孩子的未来。

你以为孩子听不懂你说的话？其实从 1 岁开始他就能听得懂了，但是他很难学习你的表达方式和思考方式，不知道该如何表达自己，所以才选择对抗。

下面，我想分享几个大人与孩子之间的对话方式，来向你说明如何与孩子进行沟通。

（1）用描述性的语言代替批评

✗ 你怎么把玩具弄坏了？以后再也不给你买了！

✓ 玩具坏了，我们看看还能不能修，如果修不好了，你就要跟它说再见了。

（2）用拟人化语言代替命令

✗ 你怎么又不收拾玩具，怎么这么不长记性？

✓ 玩具真可怜，这么晚了都不能回家，今晚它要被迫露宿街头了。

（3）用善意提示代替警告

✗ 下次如果再把玩具随便乱扔，我就把你扔出去！

✓ 玩具玩完要放回玩具柜里，这样可以给爸爸妈妈做个好榜样，对不对？

（4）用陈述语气代替发火

✗ 不是跟你说了，进别人房间要先敲门吗，找抽啊？

✓ 你这样闯进来很不礼貌，妈妈很不高兴。

（5）用示弱代替不耐烦

✗ 你自己一边玩儿去，别来烦我。

✓ 妈妈工作了一天，非常累了，明天再陪你玩好吗？

看完以上内容，爸爸妈妈们是否了解了孩子的个人空间和孩子之间的关系呢？是不是也回想起自己很多不该有的做法呢？

家里应该是一个充满爱的地方，家人相爱是给孩子最好的教育，在充满爱的环境下长大的孩子往往乐观又自信。以孩子的视角看待孩子的需求，会让孩子感受到尊重和平等。如果父母非常暴躁，不讲道理，还乱发脾气，那孩子也会变得极其暴躁。所以，你要调整自己，给孩子做好榜样。父母应该和孩子成为朋友，让他没有压迫感，真正理解并支持孩子，这样才能使他独立自由地成长。

十一、
卫生间的
整理规划与收纳

记得有一句话是这么说的："干净的卫生间，是精致生活的基本所在。"
你是否认同呢？
我们如何妥善处理自己"最肮脏"的一面，事关自己的健康与尊严。
想知道一个人的生活品质如何，从他的住处就能探究个一二，
而整个住处的精致程度，从卫生间就能凸显出来。
真正热爱生活的人，家里总是干净整洁、井然有序。
其实生活的情趣就藏在家中的每个角落，藏在每个细枝末节里。

你家卫生间有这些困扰吗

1. 每次洗完澡，整个卫生间都湿答答的。

2. 抹布、拖把、扫帚、水桶、水盆等物品没有固定的地方放置，只能全部堆在卫生间的某个角落。

3. 洗衣液、清洁剂、洗发水、沐浴露、肥皂等用着用着就堆在地上或是窗台上。还没用完呢，又拿出一瓶新的来，堆得到处都是。

4. 洗漱台上到处是水渍、牙膏、肥皂、剃须刀、剃毛器、梳子、化妆品、护肤品、皮筋、发卡，什么都有，杂乱无章。

5. 毛巾、脏衣服堆积在洗衣机上，时不时还会掉到地上。

认识卫生间的空间分布

我们先来认识一下卫生间的空间有哪些区域：

干区有洗漱台、镜柜、台盆柜、洗衣机区、马桶区、毛巾区；湿区有冲凉房、浴缸等。

每个区域该如何规划整理呢？

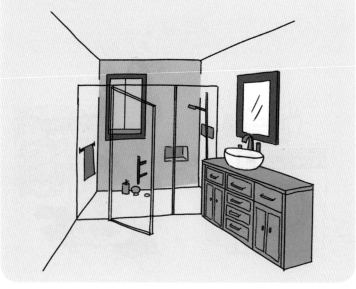

1. 卫生间需要干湿分离

　　如果你正准备装修，那我建议你把卫生间进行干湿分离。特别是在南方，非常潮湿，如果干湿混在一起，每次洗完澡后地上都是湿答答的，老人和小孩很容易滑倒。为了不让家人滑倒，每次洗完澡后要及时拖地，是不是又额外增加了劳动量？所以，无论是从空间规划还是从安全上考虑，都要进行干湿分离。

　　有朋友会问，我家就没干湿分离，怎么办呢？第一，考虑一下你家的卫生间是否可以在现有的基础上进行干湿分离；第二，考虑一下你家里是否有老人，如果平时使用时已经发现了安全隐患，那就不要再将就了，你只要加一个玻璃隔断就行，一般一天就可以装完，也不影响家人使用卫生间。

2. 洗漱台区

包含台面、镜柜和台盆柜这三个地方。

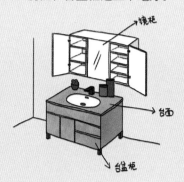

台面

所有的台面在整理规划时都可以遵守"藏8露2"的原则。露出来的"2"巧用托盘做收纳,保证台面整体干净整洁。旅游度假时大家有没有注意到一个细节,那就是酒店卫生间的台面都会有 1—2 个托盘,把漱口杯、牙膏、牙刷、梳子、沐浴露、洗发水等这些物品全部放在托盘里。在这里,托盘就是一个收纳容器,将小件物品集中放置在这里,这样整个大区域就显得非常整洁了。这也是懒人的方法,即使托盘里物品再杂乱,也比全部散乱在整个台面上要好吧。

镜柜

很多家庭的卫生间是没有镜柜的，但是，如果在卫生间面积狭小、储物空间本来就很少的情况下，还是建议大家安装一个镜柜。多了一个镜柜，好多放在卫生间里的日用品和杂物都可以收纳进去。有效扩容储物空间的办法之一就是利用立面空间，镜柜就是很好的例子。

习惯在卫生间里护肤化妆的人，每天洗完脸，直接就可以护肤化妆了，很方便。安装镜柜的另一个好处是，每次化妆不用把脖子伸得很长，因为镜柜有一个厚度，距离我们就更近一点了。

吹风机、发箍、梳子、棉签、化妆刷等都可以用小的收纳篮分类归置在一起。因为比较零碎，所以属于同一类的都放在一个收纳篮里，再放到镜柜里面，这样分类明确、分区清晰，使用时一目了然，方便拿取。

台盆柜

台盆柜下方的一边可以收纳一些清洁剂、洗衣粉，需要把它们分装在收纳篮内，再放到台盆柜里面。另外一边收纳打扫卫生用的水桶、脸盆。物品很多的家庭，还可以买双层置物架放在柜子下方，这样就可以充分利用空间，多放一些物品了。

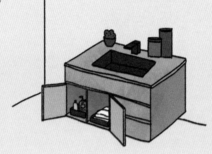

抽屉

如果你拥有了镜柜，那抽屉就是放置卷纸、纸抽、方纸巾、卫生巾、护理巾、湿纸巾、面膜等物品的最好位置了。前提是拥有了镜柜，抽屉才能发挥余热，可见镜柜是多么有用的储物神器呀！

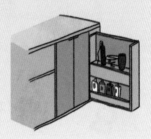

毛巾架

我家卫生间只有两条浴巾，并没有毛巾，我平时习惯用洗脸巾擦脸，它就像卫生纸一样是可以溶解的，不但环保，还干净卫生。如果你家经常用毛巾，那一定记得要有专门的位置挂放，还要定期更换哦，以免滋生细菌。

浴室储物架

钉在墙上好还是摆在地上好呢？其实都不重要，重要的是你家一定要有一个这类的收纳用品。

3. 洗衣机区及马桶区

有的家庭洗衣机是放在卫生间的。卫生间本来空间就小，如果台盆柜下面放不下洗衣液、消毒液、柔顺剂等这些洗衣用品时，该怎么办呢？可以考虑在洗衣机上增加一个置物架。马桶区也是一样的，如果它上方的空间足够大，而你想要增加卫生间的储物空间的话，可以在那里增加一个置物架。置物架的功能就是把立面空间充分利用起来。横向面积不足，就找立面，这是空间管理中扩容的主要方法之一。如果有独立的阳台可以放置洗衣机，那一定要把洗衣机的左右两边以及上方的位置充分利用好，尽量不浪费空间。

护肤品、化妆品保质期小知识

　　如何避免囤积护肤品和化妆品呢？那就要先来了解一下关于它们的保质期的知识了。

　　一般未开封的护肤品保质期为 3 年，彩妆为 3—5 年。其实未开封的护肤品不需要放在冰箱里，放在干燥常温的柜子里就可以了。在我们服务过的家庭中，有的客户把未拆封的护肤品全部放在冰箱里，等要用时再拿出来，这样的话，它又会变成常温状态，经过这样一个比较大的温度变化，反而会缩短它开封后的保质期。

　　一般开封后的护肤品使用期限是多久呢？

　　水状护肤品（化妆水、卸妆水等）、乳状护肤品（乳液、卸妆乳等）以及霜状护肤品（面霜、眼霜等）一般开封后的保质期是 6—12 个月；膏状清洁品（面膜、磨砂膏等）是 1年左右；纯天然成分的护肤品一般开封后 3—6 个月内就要用完。一般欧美国家的化妆品包装上都会有"开盖标识"，上面注明"6M""12M"字样，意思就是开盖后最佳使用期限为6个月或12个月。而日本护肤品和彩妆并没有标注日期。根据《日本药事法》第61条规定，只有"通常保管条件下3年内会发生质变"的化妆品，才必须标明有效日期。如果没有标明，就说明这款产品在未开封的条件下最少有3年的保质期，开封后尽量在1年内用完。由此可见，还是不要囤积比较好。

其实现在有代购、网购等各种购物渠道，非常便捷，基本随时都可以补充，根本没有必要囤积。

化妆品开封后的保质期

保质期6个月　　　保质期12个月

卫生间的收纳法则

卫生间的收纳用品基本上都是大件的，比如镜柜。在这本书中我一直在向大家传递一种不将就的生活态度，不将就并去行动了，才能有所改变和进步。我写了这么多文字，你看了觉得有道理，但如果不去行动的话，对你来讲还是无效的。对于卫生间的大件用品来说，更是这样。因为卫生间的储物空间本来就非常少，不大动根本解决不了问题。所以，要想彻底解决问题，你就需要购置镜柜等收纳用品。

收纳镜

　　大家有没有发现我分享给大家的方法一直都是在处理容器和物品的关系。先处理卫生间这个大空间，再处理镜柜、台面柜这些局部空间与物品的关系，最后给同类物品找一个更小的空间，也就是收纳篮或者托盘。这就是空间管理，先划分空间，再分类物品，最后给每类物品都找到一个合理的空间。当你学会管理家里的空间后，慢慢地你就会管理好时间，进而管理自己的人生，将这种有序的生活状态传递给你的下一代。

置物架

收纳车

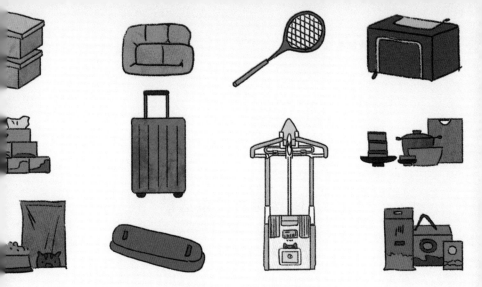

十二、
储物间的
整理规划与收纳

我们的家里还有一个特别重要的空间，那就是储物间。

你是不是觉得家里很多杂物都不知道该往哪里放呢？

这些物品都是我们日常所需的，比如拖把、扫把、吸尘器、挂烫机、
熨衣板、行李箱、礼品、纸巾等，又不能扔掉，很令人头疼。

很多家庭在装修之初常常忘记考虑这些物品的储存空间，
住进来后才发现这些杂物根本没有地方放，
占用了很多常用空间，还显得杂乱无章，影响家里的"颜值"。

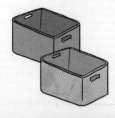

储物间的位置选择

　　储物的空间是每个家庭必不可少的，所以装修之初一定要规划好储物间。除了单独的储物间以外，还可以在阳台上再规划一个储物空间。其实，大部分家庭有 3m 高的柜子就可以解决基本的储物需求了。

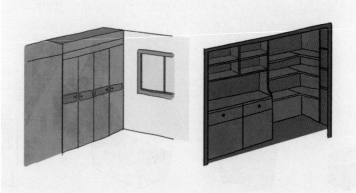

储物间的物品规划

　　这里主要包含清洁类的家务用具、户外运动用品、不常用的纪念品、日常生活用品等，很多家庭都会将这些物品散落在家中的各个角落，既不美观又碍事。所以，我们需要用一个大一些的专用储物区来放置它们。当然，你也可以利用柜体的侧面来放置这些物品。一般的家庭储物空间可以规划为以下几个区域：

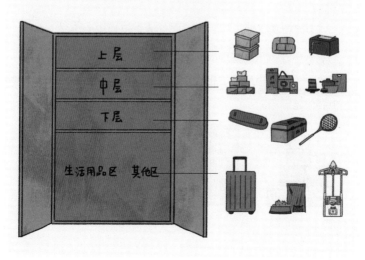

1. 上层：放置不常用又不能淘汰的物品（如换季衣物、被子、收藏品等）。

在储物间上层的位置放置一些不常用的物品，如把家里的换季衣物、被子、抱枕等收纳在百纳箱中，然后放置在这里，也可以把收藏品放在这个位置。

2. 中层：放置常用物品（如纸巾、米面、杯子、备用餐具、备用厨具等）。

中层位置拿取比较方便，可以放家里常用的物品，像一般家庭都会购买一提抽纸、卫生纸，一时用不完，还有厨房里放不下的备用餐具、厨具以及大包装的米面，都可以放在中层位置。

3. 下层：放置运动类物品（如高尔夫球杆、滑雪板、球拍、滑板车等）。

下层空间可以放一些竖状的物品，方便拿取。一般家庭会选择将这些东西裸露在外或放在衣橱上方，不仅不美观，还不易拿取，所以我建议放在储物间的下层。高尔夫球杆、滑雪板、球拍、滑板车等户外用具，根据它们的实际情况进行摆放。

4. 生活用品区：放置吸尘器、挂烫机、除螨仪、锤子类用品、养花用品、养鱼用品、猫狗用品等。

很多家庭都会遇到吸尘器需要替换头时找不到的情况，那么怎么解决这个问题呢？你只要将物品集中放在生活用品区这个位置，用完后放回原处即可。这类物品是我们在家时经常使用的物品，所以要集中在一个区域。吸尘器和挂烫机，我建议大家选择便于收纳折叠的款式，至于其他小件的物品，可以集中收纳在拉篮中。

5. 其他区：放置送人的物品或者带包装的自己用的新品、纪念品、整箱矿泉水等。

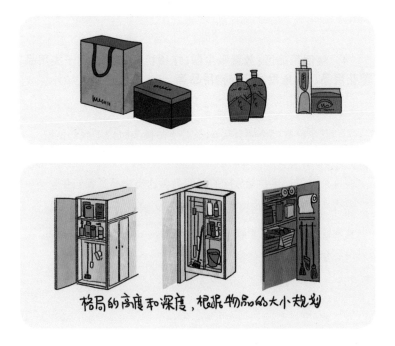

储物间收纳用品的选择

　　储物间的物品一定要用收纳容器进行分类收纳，不能零散地摆放进去，否则就会出现复乱的情况。你可选择以下收纳用品进行分类收纳。

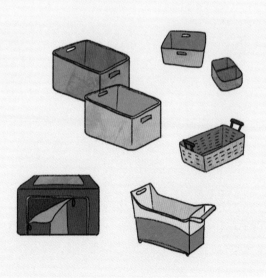

大家有没有发现以上大部分空间收纳用品都是相似的。一件合理好用的收纳用品可以满足家庭众多空间的储物需求，这样既不会浪费收纳用品，也不用为它们特意寻找收纳空间。大家意识到了吗？

十三、
行李箱的
整理规划与收纳

我曾在《天天向上》节目中帮梅婷整理行李箱，被汪涵笑称"最会装的女人"。

确实，掌握了科学合理的行李箱整理方法，能让你在旅途中更加方便。

会"装"非常重要，当然会装也不是件好事情，因为容易超重哦。

我有一次出差带了两个行李箱，结果都超重了，被罚款800多元。

行李箱的使用场景

不同尺寸的行李箱适合不同的场景，比如：

20 寸：适合 2—3 天短途；

24 寸：适合 3—5 天短途；

26 寸：适合 5—7 天小长假或短期出差；

28 寸：适合 7—15 天长途旅行或出国；

29 寸：适合更长天数的旅行。

天数	2-3天	3-5天	5-7天	7-15天	更长天数
尺寸	20寸	24寸	26寸	28寸	29寸

行李箱的内部构造

　　通常行李箱分为两个区域：一面是有拉杆的那侧，箱内有凹槽的区域；另一面是内里带有拉链的平板区。个别品牌的行李箱内部构造稍有不同。我建议大家还是购买传统样式的行李箱，因为它更能储物。

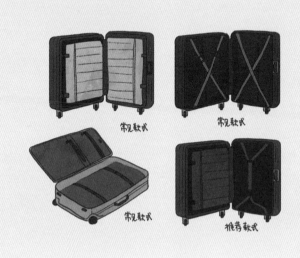

常规行李箱的收纳原则

1. 拉杆凹槽区

- **填空**：用不易出皱、可折叠、不怕挤压的衣服将凹槽填满，如牛仔裤、针织衫、运动裤等。

- **平铺**：将其他衣物以最少的折叠次数平铺在行李箱内。平铺衣物比卷叠衣物更省空间，同时也不伤衣物。因为折叠的次数越少，折痕越少，对衣服的损伤就越小。

- **填空**：在平铺衣服的过程中，行李箱的边角处会有不同程度的塌陷，可以用牛仔裤、针织衫、运动裤或 T 恤等衣服将它填满。

- **再平铺**：继续将其他衣物以最少的折叠次数平铺在行李箱内。

- **衣王**：把所有衣服都收纳在凹槽区以后，将所带衣服中面积最大的一件（我称为"衣王"）盖在所有衣服的上面，目的是把下面的衣服都包住，保持美观的同时也可以避免打开行李箱时衣服散落。

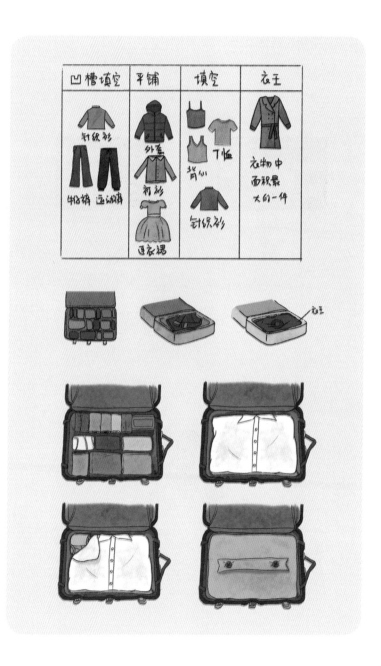

2. 平板拉链区

这个区域最适宜放置杂物及小件物品，因为有拉链或者翻盖设计，可以更好地防止物品散落。

● **鞋子**：每只鞋子使用一个收纳袋，放置的时候要将鞋子的侧面向上，目的是利用鞋子最坚硬的部分做支撑，防止鞋子被挤压后变形，而分只摆放可以更好地插空，从而节省空间。

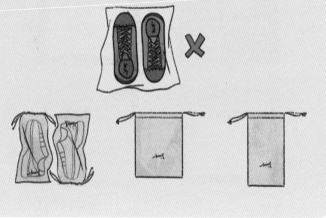

● **药品**：用一个小型收纳袋收纳出行所需的所有药品。

● **化妆品**：将出行需要用的化妆品放进同一个收纳袋内。

● **洗漱包**：将洗漱用品单独放置在一个收纳袋内，不建议分装洗漱用品。如果短途带登机箱，可选用旅行装或小包装。如果不经常出差，分装好的洗漱用品就会被遗忘在角落，造成浪费。

● **包包**：包包内部需要填充物品，防止被压扁，可以选择化妆品包或者药品包来填充。

● **小件杂物**：将小件杂物分为两部分，一部分为不常用却必备的物品，另一部分为旅行途中必用的物品，然后用两个收纳袋进行分装。

● **内衣包**：选择有多个隔层的内衣收纳袋，尽量将内衣平铺在袋子内，也可用隔层分别放内裤、袜子等物品。

行李箱的整理原则

原则 1 : 物品集中，避免大包小包

出行过程中尽量避免大包小包及各种手提袋的出现，应该把它们集中到一个完整的旅行箱或者旅行袋内。旅途的过程中颠簸劳累，再看管大包小包的话，既伤神又费力。所以，将物品集中收纳是最重要的原则。

原则 2：一包一箱打天下

行李箱内放置之前提到的各类分装包和衣服，双肩包内放置路途中需要用到的必需品，比如电脑、iPad、耳机、书、充电线、充电宝等。一个行李箱、一个双肩包足以满足各种出行状态。

一包一箱打天下

原则 3：整理"2+8"原则

● **购物空 8 分**：如果是购物之行，除了日常必备的洗漱包、药品包、化妆品包、内衣包以外，尽量少带杂物，保持行李箱空出 80% 的位置，用来收纳所购得的战利品。如果觉得不够用，建议另带一个空箱子。

● **旅行或出差空 2 分**：如果是单纯的旅行或者出差，行李箱内一定要空出 20% 的位置，用来收纳旅行中采购的物品或出差时临时购买的物品，避免返程时因装不下新品而烦恼。

懒人更需要空出 20% 的位置，因为返程时已经失去了出发时收拾行李的耐心，经常随意把衣服丢进行李箱里就匆匆赶往机场了。如果不空出 20%，按照这种做法，一定放不下所有物品。

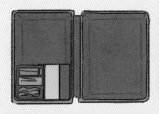 

购物空 80%　　　　　　　旅行 / 出差空 20%

原则 4：集中收纳，每个空间都不浪费

　　每个类别的物品要分别收纳，比如药品、饰品、洗漱用品、化妆品、电子类产品等，再将每个小收纳袋集中在一个大一点的收纳袋内，这样物品更集中，查找也就更方便。

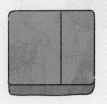

原则 5：大人和孩子的物品不要混杂在一起

带娃出行不要把孩子和大人的物品放在一个箱子里，尽量给孩子准备一个小箱子。如果必须放在一个箱子里，也要左右两侧有所区分，一人一边，不要混放在一起。小孩衣物与大人衣物放在一起容易交叉污染。

原则 6：孩子出行路上必用的物品要随身携带

如果带孩子出门，要将孩子路上所用的物品集中放在登机箱、双肩背包或者其他小行李箱内，取用时比较方便，这样可以腾出更多的时间和精力来照顾孩子。

原则 7：化妆品不要分装

　　很多人出行喜欢将化妆品分装。其实，化妆品从生产、储存、运输到最后到达消费者手里，都有严格的质量把控，如果个人分装化妆品的话，离开了工厂的 GMP 环境和专业操作，会不可避免地引入大量细菌，使化妆品被微生物污染，使用时会损害皮肤。除此之外，分装的化妆品还经常被遗忘在角落，造成浪费，而且分装的瓶子也不环保。所以，当你选择 20 寸登机箱的时候，可以考虑购买小瓶装的化妆品；如果选择的是 20 寸以上的行李箱，直接带原装瓶就好，因为无论怎样都要托运，但不能超过规定的量哦。

好的生活品质和生活方式完全取决于你自己

　　范伟老师演的一部电影里面有一个情节，他一直手提着行李箱，别人问他为什么不拖着，他说费轱辘。很多人都跟范伟老师一样，担心行李箱在托运时摔坏了，所以尽量使用小行李箱，然后背着大包小包出行。其实，所有的物品都有使用寿命，行李箱也不例外，如果你舍不得使用行李箱，那就永远要拎很多包裹出行。

　　好的生活品质和生活方式完全取决于你自己。行李箱是个消耗品，买来就是用的，而钱也不是省出来的，是通过自己的努力赚来的。我们应该让买来的物品更好地服务于自己，让我们的生活更加便利，节省出更多的时间去赚更多的钱，然后再来享受生活。

合理利用，
不要怕费轱辘

番外篇

问：写书之前你说想通过这本书改变大家的认知，你觉得做到了吗？

我觉得做到了。我相信只要看过这本书的人，或多或少都会有所改变，不单单在整理收纳方面，而且对生活方式的认知也会有所提升，这是我最想看到的。我通过这种空间管理的方式改变了自己，我相信你们也会因此而改变。尝试过后，你们自会有答案。

写第一本书的时候我就特别担心，里面的内容是不是太难了，大家愿意动手去改造自己的空间吗？愿意做这些事情吗？但没有想到今天我的第二本书也跟大家见面了。我通过各个渠道知道了有很多人愿意去做改造空间这件事，愿意去改变自己的生活，这是让我特别开心的事情。现在，我的第三本书也已经写了一半了，离自己的目标更近了一步。其实，通过这些年的努力，我已经改变了几千万人对生活方式的认知，我已经非常满足了。

我有一个客户是上海人，她在没有接触《留存道》之前，看过《怦然心动的人生整理魔法》《断舍离》《收纳的艺术》《扫除力》等很多书，通过梳理自己跟物品之间的关系来取舍物品。然后，她就毫不犹豫地开始扔起了东西，她说扔完东西后自己的精神状态特别好，顿时感觉生活都轻松了。然而，这也导致她看到家里人的东西不顺眼，觉得她婆婆没有必要留着那些没用的"垃圾"，于是开始扔婆婆的东西，再后来又扔老公的东西。他们家的孩子是个小姑娘，特别喜欢那些亮晶晶的可以用来做手串的珠子，还有自己捡回来的鹅卵石，但是她就觉得这些都是无用的东西，都应该扔出去。从那时开始，整个家里每天都充斥着争吵声，家人不认可，也不能接受她这种武断的行为。我的客户感到很委屈，她觉得自己明明是为了这个家好，大家却不理解她。

后来，她通过朋友的介绍认识了我。因为她之前一直在实践日式的整理方法，所以刚开始的时候比较排斥我的"留存道"，她坚持认为自己就是对的。我问她："你为什么要扔这些东西？"她说因为家里放不下她的东西，物品堆积得到处都是，让她非常心烦，所以必须把这些东西扔掉。我又问她："你随意扔家人心爱的物品，有没有站在对方的角度考虑过问题？你又是否考虑过，也许不是你的物品过多，而是你放物品的空间太小？"她说："哎哟，我还真没有这么想过。"

然后，我继续跟她讲："你家鞋柜装平底鞋的上方空了一大块，你有没有想过在那里再加一个层板，这样你那些多余的鞋子就都可以放进去。你有没有想过你女儿喜欢的那些小东西，其实只需要几个分隔盒就可以收纳起来，这样既能让她保留自己的心爱之物，也不会让你觉得家里乱。至于你婆婆囤积的那些杂物，比如旧衣服、还可以再用的毛巾被，你有没有想过她为什么舍不得扔？因为她所生活的那个年代物资特别匮乏，一直秉持着只要东西没坏就可以继续用的观念，虽然很多东西确实不会再用了，但她还是难以割舍。你有没有想过把它们分门别类后用百纳箱收起来，再放到不占用自己空间的地方？这样子既尊重了对方，也使家里的空间得到了合理利用。"

后来，她才开始意识到原来有了这个方法就可以改变一切。于是，她听从了我的建议，从最简单的鞋柜开始改造，加了几个层板，发现了空间的重要性。我们的团队把她家里的每个空间都梳理了一遍，也把所有物品重新做了规划，感觉家里更加整洁舒适了。

生活了一段时间后，她最大的感受就是，家里再也没有争吵了，每个人都很尊重家庭的其他成员。现在，她的女儿进入了青春期，却觉得妈妈是最懂她的；老公也不再认为她只是一个家庭主妇，而是一个有自己思想、有爱的人；婆婆也会觉得这个儿媳妇特别能为她着想，慢慢地也开始改变了，实在用不上的东西就主动扔掉了。所以你看，全家人都是可以通过空间这个关系场去改变的。

我们都知道一个道理，一块木头被钉了钉子，钉子拔出后，一定会留有一个洞。其实，我们的生活也是一样，所有好的坏的事物都会在我们的生命中留下记忆，无论好坏，我们都摒弃不了，所以要学会接纳。就像我的那位客户，接纳婆婆不忍割舍的物品，接纳孩子在成长过程中对一个普通石头的认知行为，接纳自己不完美的地方……只要包容这些事物，通过空间管理将这些物品清晰地陈列在家人面前，让家人通过日常生活去检验这些留下来的物品到底有没有用，用一个正确的观念去控制大局，让大家改变乱丢乱囤的行为，你就能拥有一个美好的家庭环境。

所以，这件事情其实可以变得很简单，不需要从梳理"人"这么复杂的任务开始，而只需要通过规划空间就可以解决。

问：留存道空间管理和其他整理术有什么不一样？

人们整理收纳的这个爱好起源于美国，后来在日本逐渐得到发展。关注整理收纳的人都知道有两本书在中国特别风靡，一本是《怦然心动的人生整理魔法》，这本书的作者近藤麻理惠是做家务的时候，总结到她可以这样整理收纳物品，于是把自己的心得写成了一本书，分享给大家；另一本书《断舍离》的作者山下英子，是在瑜伽修行的过程当中，感悟到"断舍离"理念的真谛，然后把它写成书分享给大家。而她们都不是上门服务的从业人员。

现在有很多整理收纳爱好者看到了这个新兴行业的商业契机，慢慢由业余爱好转为商业服务，但这个行业在全球体系下存在还不足3年的时间。而留存道整理服务从2010年第一单服务收费10万元起，便在中国打开了市场，有了近10年上门服务的商业运营经验。个人自我整理方法和留存道的职业整理方法的出发点不同，价值观也不同，结果也必然不同。我们不能用自己生活中累积的方法去解决其他人家庭出现的凌乱现状，而应该用大量上门服务的数据来科学地总结各个家庭出现的共性问题，理性地看待空间与物品的关系，最终找到适配的空间管理解决方案，帮助每个人找到适合自己的生活方式，让他们拥有不将就的生活态度。

我们用自己 10 年的经验打通了整理收纳行业体系的商业闭环，并培养了中国 90% 的空间管理及整理收纳方面的从业者，业务遍布全国的各个角落。我们是目前全球整理收纳体系的机构中唯一一个打通商业闭环的机构，这也是我作为中国人的一点骄傲。去国外演讲的时候，我可以非常自豪地介绍留存道整理术来自中国。

问：空间管理可以成为一个职业吗？

有人问我："老师，我看完了你的这两本书，以后是不是可以直接从事这个行业了？"当然是不能的，这两本书里写的仅仅是"自我整理"，学会后还远远达不到"职业整理"的水平。如果你想从业，还需要更专业和系统的学习。

我将空间管理的职业定义为一个非常时尚体面的工作，媒体报道我们这个职业可以月入过万，我觉得媒体说少了。一个家庭需要整理的空间，我们按最少量来计算，也要5000元的服务费。按照最低标准，每周一单服务，一个月4次，收入就是2万元。这个职业不但收入高，而且还自由，但是目前中国专业的空间管理师不足500人，所以市场缺口非常大，而且很多人对这方面还缺少认知。

我的这两本书只是教大家怎样用这种方法来管理自己的家庭空间，而不是去服务千家万户，因为"职业整理"有另外一种思维和方法。

其实，我有一个非常大的梦想，那就是改变中国人的生活方式，我相信通过自己的努力是可以实现的。我相信看过这本书以后，大家都会有所改变。我希望未来有更多喜欢整理收纳的人加入我们的队伍，为改变一代中国人的生活方式而努力。

这本书到这里就全部结束了，希望你合上书后能行动起来，让自己的家、让生活变得更美好。暂时的别离是为了未来更好地相遇，我期待在"不将就"的道路上，每个人都可以变得更好，活成自己想要的样子。因为你的"不将就"对孩子、家庭、社会来说就是一种贡献。

下本书再见！

图书在版编目 (CIP) 数据

收纳，给你变个大房子 / 卞栎淳著 . —北京：文
化发展出版社，2019.12
　　ISBN 978-7-5142-2895-3

　　Ⅰ . ①收… Ⅱ . ①卞… Ⅲ . ①家庭生活—基本知识
Ⅳ . ① TS976.3

　　中国版本图书馆 CIP 数据核字（2019）第 256740 号

收纳，给你变个大房子

作者：卞栎淳

责任编辑：侯　铮
产品经理：李天语
特约编辑：灵漠风
出版发行：文化发展出版社有限公司（北京市翠微路 2 号　邮编：100036）
网址：www.wenhuafazhan.com
经销：各地新华书店
印刷：北京盛通印刷股份有限公司

开本：880mm × 1230mm　　1/32
字数：140 千字
印张：8.75
印次：2020 年 3 月第 1 版　　2021 年 7 月第 5 次印刷
ISBN：978-7-5142-2895-3
定价：55.00 元
如发现图书质量问题，可联系调换。质量投诉电话：010-82069336